U0187826

LA PARISIENNE

巴黎女人的时尚经·10年优雅进阶版

内 容 提 要

本书分为四个部分：服饰搭配，巴黎女人着装风范向导；妆发技巧，从头到脚巴黎风；家居购物，巴黎女人的家；生活旅行，独一无二的巴黎。

本书收录了作者在巴黎拍摄的大量照片，实用性强。适合时尚人群、时尚追随者、服装专业师生阅读。

原文书名：*La Parisienne*
原作者名：Ines de la Fressange et Sophie Gachet
原文编辑：Julie Rouart (Editorial Director)
Mélanie Puchault (Editor)
©Flammarion, 2019
Text translated into simplified Chinese © China Textile & Apparel Press Co., Ltd., 2021
This copy in simplified Chinese can be distributed and sold in PR China only, excluding Taiwan, Hong Kong and Macao.
本书中文简体版经Flammarion授权，由中国纺织出版社有限公司独家出版发行。
本书内容未经出版者书面许可，不得以任何方式或任何手段复制、转载或刊登。
著作权合同登记号：图字：01-2021-5505

图书在版编目（CIP）数据

巴黎女人的时尚经：10年优雅进阶版 /（法）伊娜·德拉弗雷桑热，（法）索菲·加谢著；刘凯旋，朱春译. -- 北京：中国纺织出版社有限公司，2021.11
ISBN 978-7-5180-8820-1

Ⅰ.①巴… Ⅱ.①伊… ②索… ③刘… ④朱… Ⅲ.①女性—服饰美学 Ⅳ.①TS973.4

中国版本图书馆CIP数据核字（2021）第171521号

责任编辑：亢莹莹　苗　苗　　责任校对：楼旭红
责任印制：王艳丽

中国纺织出版社有限公司出版发行
地址：北京市朝阳区百子湾东里A407号楼　邮政编码：100124
销售电话：010—67004422　传真：010—87155801
http: //www.c-textilep. com
中国纺织出版社天猫旗舰店
官方微博 http://weibo.com/2119887771
北京利丰雅高长城印刷有限公司印刷　各地新华书店经销
2021年11月第1版第1次印刷
开本：710×1000　1/16　印张：15
字数：196千字　定价：128.00元　印数：1—5000册

凡购本书，如有缺页、倒页、脱页，由本社图书营销中心调换

LA PARISIENNE

巴黎女人的时尚经·10年优雅进阶版

[法]伊娜·德拉弗雷桑热 [法]索菲·加谢 **著**

刘凯旋 朱春 **译**

中国纺织出版社有限公司

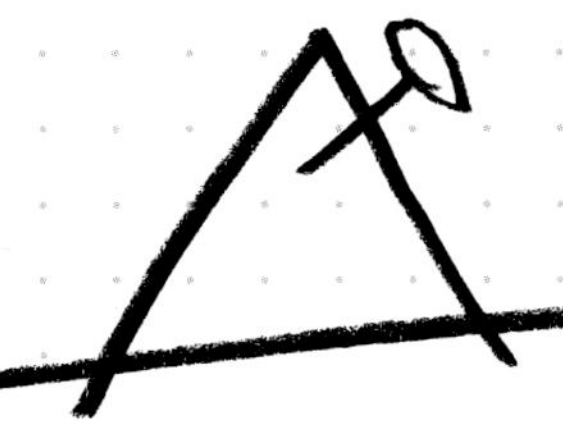

前言

谁说"巴黎女人"只是个传说？据我写《巴黎女人的时尚经》已有十年，随着它成为《纽约时报》的畅销书，这个传说似乎已成为现实。而今，这本书需要做些修改。不但书中许多地址已经过时，而且因为搬家（新家内部的一切已经改变了），我的衣橱里也添加了新的色彩。当然，海军蓝毛衣或白衬衫永远在我的搭配单品中，但我也在尝试重塑自己，即使巴黎永远是巴黎。

目录

第一部分

巴黎女人着装风范向导

七条法则穿出巴黎风

众所周知，出生在巴黎不是拥有巴黎风的前提。我在圣特罗佩（Saint-Tropez）出生，拥有阿根廷血统，在巴黎市郊的伊夫林（Yvelines）长大。然而，我却感觉自己拥有十足的巴黎风。遵循以下七条法则，拥有“巴黎制造”风格并非难事。

“低调”即高雅

你永远不会遇见一个真正的巴黎女人，她全身戴满闪耀的珠宝或是穿着超长毛皮大衣和带有品牌商标的服装。一个真正的巴黎女人，她朋友圈的人不会做出这样的评论：“你的穿戴真昂贵，太棒了！”而会问她：“你读过西蒙娜·德·波伏娃的书吗？我超爱！”能提出这两种问题的人绝非同类人。

2

无视潮流

追寻潮流从来不是巴黎女人的风格。风靡所有T台的“诱惑”风格，并不意味着你应该在外出时穿上皮革短裙。巴黎女人至少会顾虑到自身特点，她们绝不会在没有反问“这是我的风格吗”之前，就从众追随潮流。她们也不会因为被时尚潮人列为“必备款”的包包，而倾尽整月薪水。首先，她们不一定具备相应财力，而且从众也不符合她们的价值准则。

3

全身同一品牌——搭配的灾难！

只有时装秀的T台上才会展示从头到脚武装着同一品牌的形象。一些想象力欠缺的杂志会把内页变成直接复制粘贴品牌秀场造型服饰的目录，这样当然不是很有创意。巴黎女人不会把别人的观点强加于自己。她们会把所有的品牌混搭一起，也不在乎价格高低。奢侈精品搭配平价单品，是塑造高雅格调的诀窍。例如，一个能永久陪伴她的奢侈品牌包包和磨损牛仔裤、白色T恤和运动鞋绝对是完美搭配。

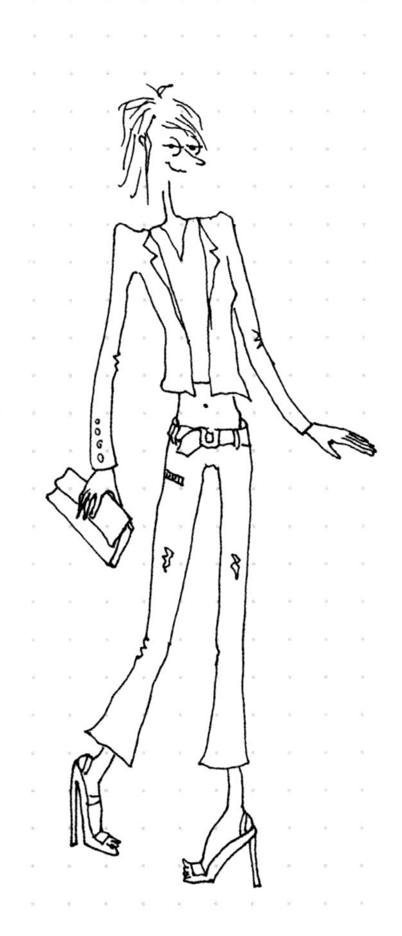

4

着运动鞋亦舒适

你不会遇见一个抱怨低领上衣的领口太低、皮鞋太磨脚或是裙子太短的巴黎女人。时尚达人都知道:“拥有个人风格的秘诀是,穿戴自在舒适。”如果你的套衫太紧,裤子太贴身,赶紧换掉它!巴黎女人的时尚座右铭是:坚决不做时尚受害者。

5

个人专属古着单品

即便经常往自己的衣橱里添置新品,巴黎女人亦会购入永不过时的衣物。她凭借搭配新旧品类的高超技巧,在别人察觉不到的情况下,使用很多年。这些单品被保存多年,她将它们取出来穿时会说:“这件夹克?其实已买了好几个世纪了。”

6 允许品位掉线

不能绝对服从时尚法令！即便是本书中的观点。如果本书能让你有所启发——让你产生许多不错的想法，那么一定是好的品位源于自己创造。令伊夫·圣·洛朗引以为豪的是，黑色与海军蓝混搭，在以往被认为是糟糕的品位，他让它成为潮流。

7 做自己衣橱的买手

作为名副其实的时尚猎手，巴黎女人钟爱发掘那些不为人知的品牌和店铺。她会因探寻到一个小众的独立品牌而欣喜万分。这并不意味着她的探索目标仅止于此，她喜欢四处寻宝，捕获每个地方的精品，可能是一件来自法国连锁超市（*Monoprix*）里的羊绒衫、李维斯（Levi's）的牛仔裤，抑或是圣罗兰吸烟装上衣。她似百货商场的时尚买手，却又不会盲目跟从时尚杂志的建议。

破译巴黎风穿搭秘诀

如果听见有人这样称赞："她的穿衣风格好棒。"我们可能会认为这个女孩有她自己的穿搭秘诀，令她的穿衣风格如此出彩。如何破解她的秘密呢……

自我模特生涯的早年开始，别人就认为我很有自己的风格。也许吧！但是如果你看过我的衣橱（详见本书72~79页），你会即刻明白只要做好巧妙搭配，其实这些并非难事。所有女人都能像巴黎女人一样！这里破译了一些极其容易掌握的造型。

巴黎式优雅

→ **黑色长裤套装**，绝对不会出错的服饰。

→ **白色背心**，增添一道不同的“色彩”修饰。

→ **个性十足的斜挎包**，当服装偏简单时，配饰能提亮整体形象。

→ **运动鞋**，运动鞋与套装的高雅对比，塑造现代优雅风格。

闪亮白日

→ **米色贴身套头高领毛衣**，针织衫为全身装扮带来轻柔感。

→ **九分裤**，非常适合白天穿着。

→ **黑色漆皮提包**，营造视觉反差，同时可以在工作时间与晚间休闲场合轻松切换。

→ **黑色漆皮高跟鞋**，为魅力着色。

淡彩迷情

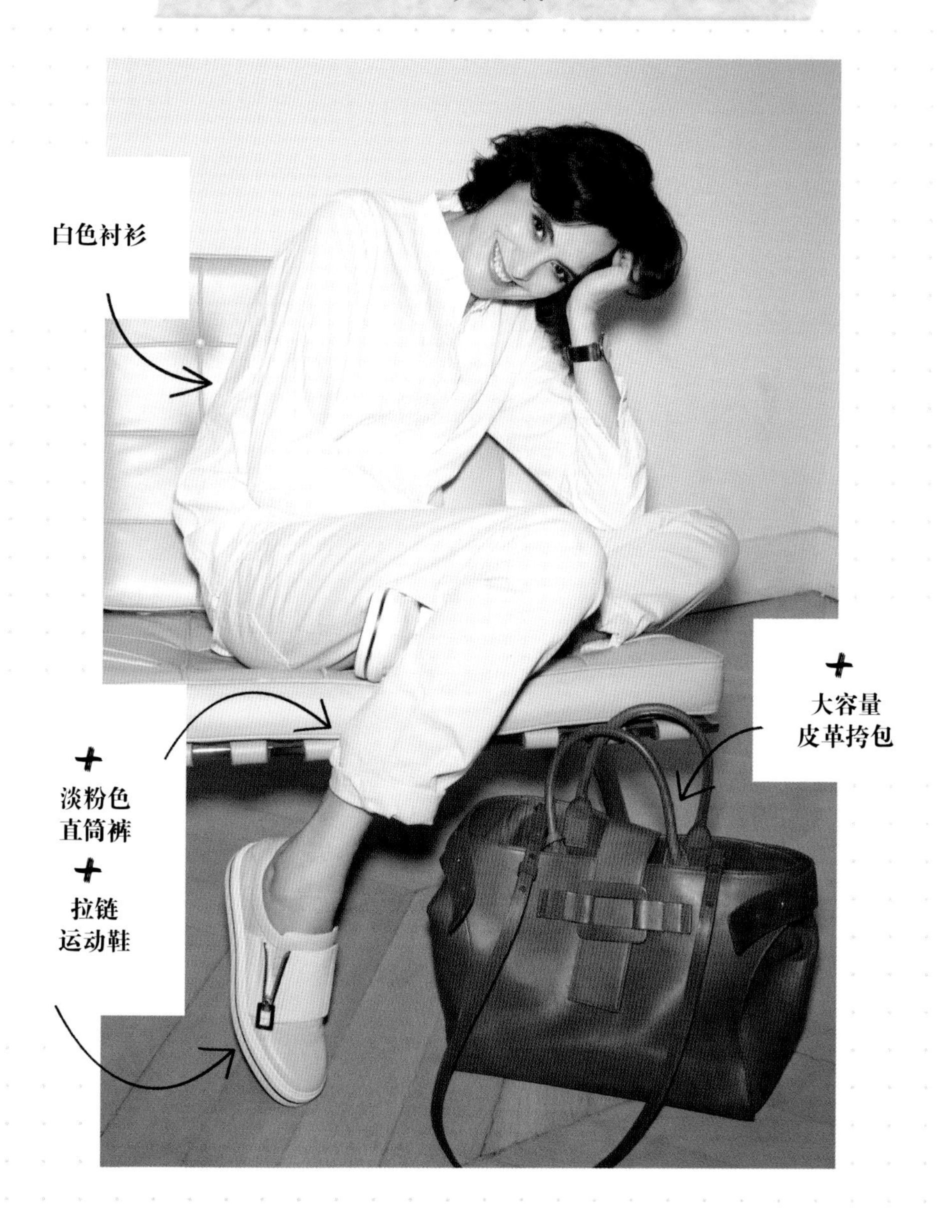

→ **白色衬衫**，增添几分中性之感。

→ **淡粉色直筒裤**，晕染甜蜜、柔软的触感。

→ **拉链运动鞋**，运动且高雅。

→ **大容量皮革挎包**，让柔和的自然风格饱满起来（搭配黑色挎包，效果完全不一样）。

奢华牛仔风

→ **原色牛仔裤**，脚口翻边，是值得用心搭配的基础单品。也有不翻边款，款式则没那么讲究。

→ **白色衬衫**，同属基础款，是原色牛仔裤的完美搭档。一定要卷起袖子或者保持纽扣解开。

→ **银色凉鞋**，它是让这身打扮从基础转向奢华的重要细节，也能轻松实现白日工作到晚间休闲之间的切换。

纹样的盛宴

→ **方格纹大衣**，是巴黎女人衣橱必备的经典款。

→ **豹纹印花挎包**，我们总被告知不要同时搭配多种图案纹样，然而这样却让整体着装丰富、生动起来。

→ **白色长裤**，必备搭配，如果不想看起来像马戏团的出逃人员。

→ **灰色短筒靴**，近乎朴实的搭配细节，让整体装扮偏向低调。

适宜的雅致

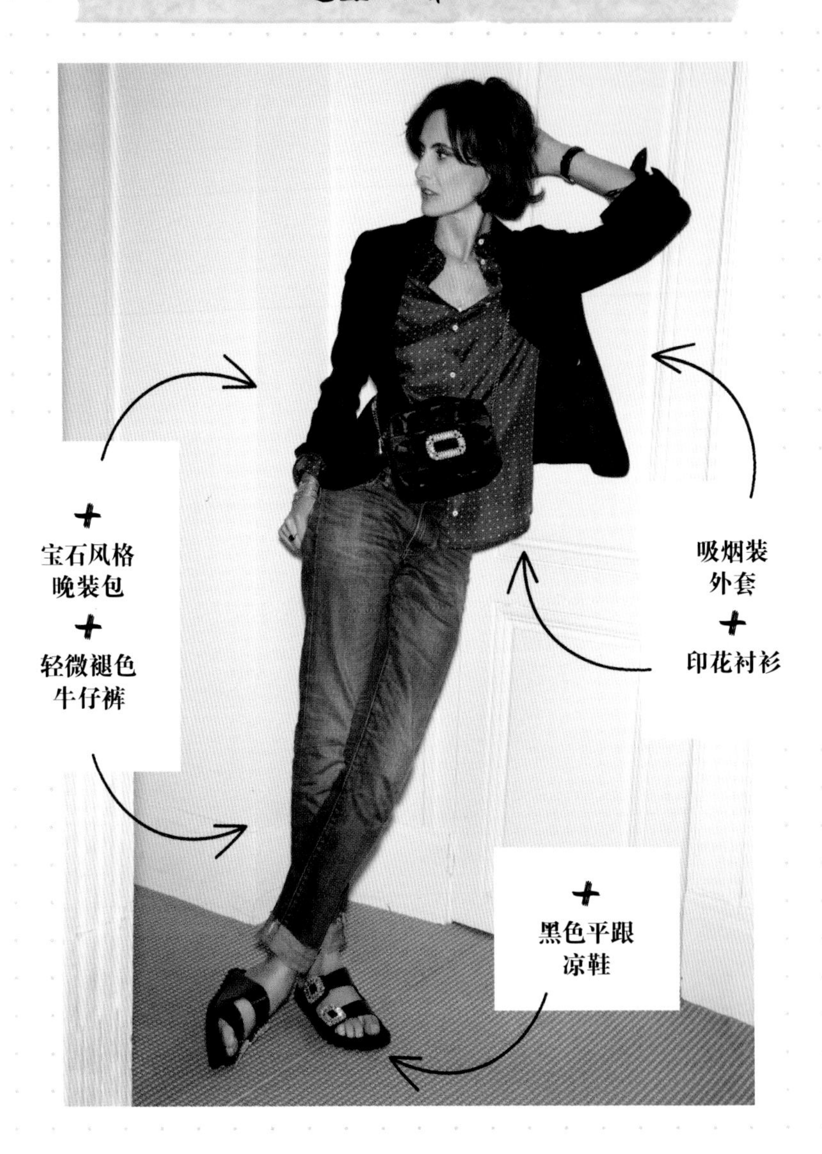

→ **吸烟装外套**，增添淡淡“优雅”气息的必备品。

→ **印花衬衫**，贴身、修饰身形。

→ **轻微褪色牛仔裤**，直筒剪裁，脚口翻边。

→ **黑色平跟凉鞋**，搭扣上的人造水钻微微闪耀，适合下班后直接赴约。

→ **宝石风格晚装包**，斜挎方式增添洒脱感（其他方式则显得老气）。

原味巴黎

→ **印度风情衬衫**，淡粉色细条纹纹样，巴黎炎炎夏日穿搭的完美搭档。

→ **悬垂轻薄的印花长裤**，它的色彩与淡粉色相得益彰。

→ **珠宝风格人字拖**，让全身搭配不显得肤浅的异域风。

搭配释疑

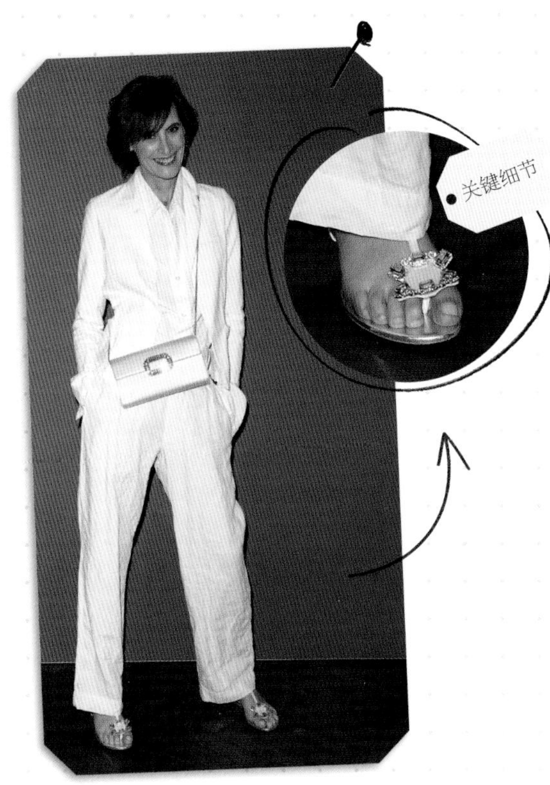

全身同一白色系该如何搭配？

选择一款纯白色西装配以一件相衬的白色衬衫。挎包选择搭配镶有钻石的设计款，凉鞋也是如此。结婚时这样穿戴，也完全可以！

参加聚会时可以穿一件厚呢短大衣吗？

可以，只要扣上大衣的纽扣，里面穿件衬衫，衬衫的扣子一直扣到领子处。再配以流行的九分裤和金色高跟漆皮短靴。这样才不会像从事航海工作的海员。镶有珠宝的斜挎包塑造聚会范儿。

怎样让格纹外观生动起来?

穿格纹长裤西服套装时，搭配简单的深色针织衫、白色运动鞋和藤编挎包以缓和格纹的严肃感（或滑稽）感。重点是要淡化夏洛克·福尔摩斯式的刻板。

如何驾驭全身紫红色?

绸缎的质感很适合紫红色，一件同材质的衬衫和长裤，搭配凉鞋。但是包包应选跳色款，选择白色是个好主意。红色亦能打破同色系的单调性。

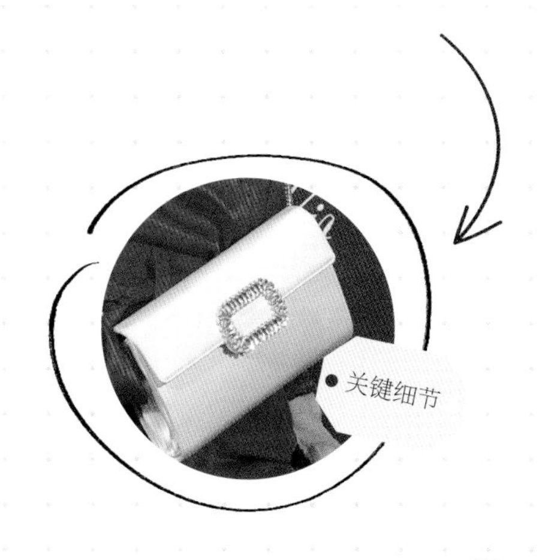

简约风的诀窍

简约风（Easy Style）在英语中，被称为effortless style。有时候，塑造简约风格无须用太多东西去堆砌。那所需条件是什么呢？自信和微笑（微笑让一切更容易）！当然，还有以下几点诀窍让你（几乎）轻松拥有简约风格。

* 在舞会礼服裙外，套一件**羊毛衫**。千万不要搭配披肩、围巾，没有什么比披肩、围巾更俗气的搭配了。即使好莱坞明星在红毯上，也不会再搭配这些。亮片礼裙和羊绒衫，才是巴黎女人的搭配！

* 去折扣店，但是要在**男装**区“淘宝”。

* **混搭**高定风与街头风。剪裁完美的黑色长裤搭配柔软精梳棉T恤（年轻人可以尝试印花款）。如果无法确定你想呈现的是高级感还是休闲感，这样则恰到好处：你自成风格！

* 所有来自**商店库存**的物品，与旧珠宝均能很好地搭配。

* 将两条丝巾**叠戴**，同样也可以将两件T恤、衬衫、西装外套甚至两条腰带叠加穿戴。叠穿法让最基础的单品越发重要。

塑造良好风格的通用黄金法则

如果下半身的穿着（长裤、裙子）造型宽大，那么上面一定要搭配贴身款。相反，如果下面穿着紧身款，上面则可搭配宽松款。

✱ 简洁廓型搭配尺寸夸张的**配饰**。巴黎女人一直很欣赏杰奎琳·肯尼迪在嫁给希腊船王奥纳西斯后的穿衣风格：白色长裤，黑色T恤……搭配露脚背凉鞋和超大太阳眼镜。这样装扮如此高雅，如此简洁……我们可以即刻学会！

✱ 雪纺裙外搭配一件**派克服**。

✱ 将磨损的旧牛仔裤与丝质衬衫**混搭**。和西装长裤搭T恤一样，这样混搭塑造的风格层次十分丰富。其余的搭配则要尤为低调简约。应该让人相信奢华元素——丝质衬衫——只是不经意间的选择。如果让人察觉是为了刻意凸显风格，那么将功亏一篑。而且会被列为“try too hard（用力过度）”——英语中用来表述为了凸显风格而过度用力的做法。这样一点也不酷。众所周知，即使巴黎女人为了一直走在时尚前端而购买很多杂志，但仍不希望别人知情。她甚至可能购买了这本指南，却仍声称是为了送人……

✱ 所有服装外面**系上**一根超长，磨损的男士皮带，在悬垂末端打个结。

如何完美操控色彩？

所有色彩都可尝试！当色彩互相冲突，则称为“撞色”。即使我是中性色与大地色（它们比较柔和）的拥护者，我也仍喜欢海军蓝（不一定是黑色）。有一点是确定的：当我已穿一件色彩亮丽的服装（比如我钟爱的紫红色）时，那么剩下的服饰则选择朴素低调的色彩，或者从头到脚整体色调统一为粉红色。但荧光粉和荧光黄色是时尚界前卫、大胆女孩的专属搭配。你发现其中的微妙差别了吗？

✱ 当你厌倦了你的旧衣，将它们染成**海军蓝色**，赋予它们第二次生命（本身是海军蓝的衣服除外）。

✱ 不要犹豫，大胆尝试下你家12岁男孩的**衬衫**，内搭可视化塑型文胸。或相反，穿上你爱人的大尺寸衬衫吧！出发点是尝试下那些你平时不会购买的非常规尺寸。

反叛——逃离规范的约束

“远离成套造型装束！”是应被牢记的巴黎女人的服饰革命口号。偏离寻常风格、打破常规是巴黎女人最钟爱的消遣方式。给整体装扮加上两三处有些荒诞的小细节即能营造出惊人（style fou）的风格。显然，这样的混搭并不是没有风险，时尚过失随时可能会出现。然而巴黎女人总能四两拨千斤，将一时之误转化为特有的风格。她知道过度地践行优雅准则并不是个好主意，要勇于时刻推翻BCBG（Bon Chic Bon Genre，雅致即佳）的固有观念。如何在遵从巴黎艺术风格前提下，偏离规范，打造个人风格？这里有10条精选（从比较保险到较为大胆）的好方法。

10条有效的混搭诀窍

1. 牛仔裤搭配饰有珠宝的凉鞋
   ……不要搭配运动鞋
2. 铅笔裙搭配芭蕾平底女鞋
   ……不要搭配薄底高跟浅口鞋
3. 亮片毛衣搭配男款西装裤
   ……不要搭配裙子
4. 在白天，钻石项链搭配牛仔衬衫
   ……不要在晚上搭配黑色礼裙
5. 乐福鞋与短裤搭配……加上袜子也可以
   ……不要在不穿袜子时和长裤搭配
6. 晚礼裙搭配极简的露脚背凉鞋
   ……不要搭配饰有珠宝的凉鞋
7. 珍珠项链配摇滚风T恤
   ……不要搭配无袖连衣裙
8. 雪纺印花连衣裙搭配磨损明显的机车风皮靴
   ……不要搭配全新芭蕾平底鞋
9. 吸烟装外套搭配运动鞋
   ……不要搭配妖艳性感的浅口高跟鞋
10. 晚礼裙搭配柳编包
    ……不要搭配金色手拿包

时尚的灵药

一件选择不当的印花裙让你即刻跌入“大妈”行列！最好选择让人显得年轻的穿搭造型，它会像有名的抗皱注射产品那样有效，而且更有趣味！如何让个人风格焕然一新？巴黎女人会这么做：

变换风格

到达一定年龄段后，注意不要停滞在某个特定风格：这就是让人变老的原因！尤其是对处于40来岁，却始终坚持着自己30多岁时风格的女性来说，更为危险。我们离最美好的十年渐行渐远，这十年是对自身满意的阶段，事事顺利，生活充满希望，工作很有热情，情感富有激情。我们觉得自己还年轻，有了孩子后，我们更加成熟，我们仍期许这样的状态能持续。其实，我们并没有时间想太多！

★令人惊讶的是，到了40岁，女人都会自问这个超现实的问题：“我还能这样打扮吗？”你会意外自己竟有这样的犹疑，而不是去寻找答案。实际上，这样问为时尚早，但是想到了总比没有意识到要好。尤其不要坚持所有那些在我们30岁时看起来适合的风格。我们在变，时代在变，时尚也在改变。我们可以坚持自己的风格，但伴随而来的无聊，缺乏对新事物的兴趣，没有激情、爱好，墨守成规，畏惧改变和犯错，坚决不能有！要接受自己会犯错。人人都可能买错衣服。这说明我们仍期望与众不同，是值得鼓励的做法。失去穿着打扮和化妆的兴趣，才是消沉的征兆。年龄渐增时，懂得打破固有的风格。不是去改变，而是去改进。

黄金法则 #1

绝不墨守成规

*

绝不矫揉造作

*

绝不放纵自己

黄金法则 #2

选择那些让原有风格焕然一新的服饰搭配，给人以“野性摇滚永不消逝”之感。

实例

我常穿海军蓝色、黑色和白色衬衫。也可能心血来潮，穿上一件玫紫色外套惊艳众人。如此一来，已没有人再试图猜测我的年龄了！

遵循如下建议

① 培养好奇心

这是永葆青春的妙招。探索新的品牌，尝试新款式长裤，脚踩坡跟鞋。勇敢尝试吧，即使最后会沦为时尚过失也无碍。

② 在Ebay上出售你的鳄鱼皮包

③ 不要盲目追随潮流

这是时尚新手才会犯的错误。了解流行的时尚并且选取其中最易入门的：灰色系、阔腿裤、厚呢短大衣……但要忽略花呢格纹、破洞牛仔裤和铆钉过膝长靴。

④ 敢于出其不意

晚上，穿上皮衣代替休闲西装外套，搭配雪纺裙时选择芭蕾平底鞋而不是浅口高跟鞋。将胸针别在腰部，徽章比起胸针是个更好的选择。

⑤ 不一定要买浮夸有趣的衣服

一件材质精良的圆领毛衫是必备品。它可以搭配牛仔裤与长项链，非常优雅而且不失趣味。

⑥ 珠宝配饰勤更换

即便是彩线编织物也无妨！

⑦ 在45岁之后，过度讲究新潮时尚是灾难

⑧ 不要尝试少女风格

迷你裙、印着有趣花纹的T恤等打扮反而有故意扮嫩之嫌，会更显老。

9 乐福鞋和芭蕾平底鞋，人人皆宜

如同运动鞋适合所有人一样（巴黎女人是匡威的狂热爱好者），它能呈现出50来岁女人亲和的甚至是都市活动家的一面。

10 穿着打扮时播放滚石乐队的《凋谢之花》*Dead Flowers*

11 不只是穿着易过时

认为推特（Twitter）无聊，不知道什么是流媒体，对iPad也没有兴趣，这些都会让你即刻被归入“大妈”的行列。不要忘记，要学会说“Instagram”，而不是“照片墙”。

12 不要被陈词滥调约束

13 高雅和通俗始终可以混搭

小心！“偏频”的时尚

我已提及过数次：一时“偏频”的时尚很有可能焕发活力，成就新的潮流。它带给我们的是一种前所未有的风格。于我而言，完美的品位无趣乏味，没有生机，毕竟时尚每一季都在改变。裙裤可能今年不被关注，但在接下来的一年里它可能成为搭配的宠儿，各色各样的裙裤都可能出现在我们的视线中。背带裤、挪威毛衣和长筒靴亦如此，它们在时尚潮流里轮回，因而编列“时尚过失”的条目并非易事。但是仍有一些搭配风格，无论流行如何变迁，仍让人难以恭维。以下是被巴黎女人列为“榜单之首”的时尚过失。

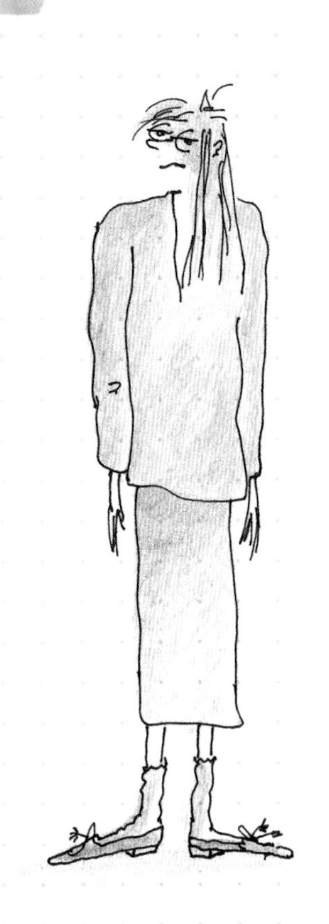

★透明肩带款文胸，很少有人能习惯穿戴它。肩带外露难道不是更性感的穿戴方式吗？或者穿戴无肩带文胸也不错啊！

★低腰牛仔裤配丁字裤，时尚界一个让人费解的谜团。

★吊袜带外露，除非你在巴黎疯马俱乐部（Crazy Horse）上班！

★无论罩杯尺寸的大小，不穿文胸绝对是个错误。

★穿铅笔裙时可以明显看到内裤的压痕，这种情况下，丁字裤可以派上用场了。而对于那些认为穿丁字裤是种酷刑的人，可以穿无痕内裤。

★肉色连裤袜，正如穿透明肩带的文胸一样，谁会觉得你的肌肤如肉色连裤袜般柔滑呢？它远远没有达到和你皮肤一体的效果，那么还是穿黑色款吧。

★镶嵌有金银丝或亮片的性感比基尼，没有人能比邦德女郎乌苏拉·安德丝（Ursula Andress）在007系列电影《诺博士》（*Dr. No*）中演绎得更为完美。

★交叉紧带式或者带有复杂开缝设计的泳装，当一整天暴露于阳光下之后再脱下它时，身上出现了条条晒黑的痕迹，你就会明白它为何会被列为“时尚误区”。

★遮不住臀部的迷你比基尼。虽然巴黎女人也做巴西式蜜蜡脱毛，但不会像里约热内卢人那样穿比基尼。

★胸前标有自己名字的连体泳衣，如果在沙滩上举办告别单身派对或是在度假中进行一场为了戒掉对Tinder交友软件上瘾的排毒（期待一场真实世界中的邂逅），这些场合这样穿戴，没有什么问题。但是，在沙滩上，穿着秀出自己名字的泳衣还有什么别的作用吗？

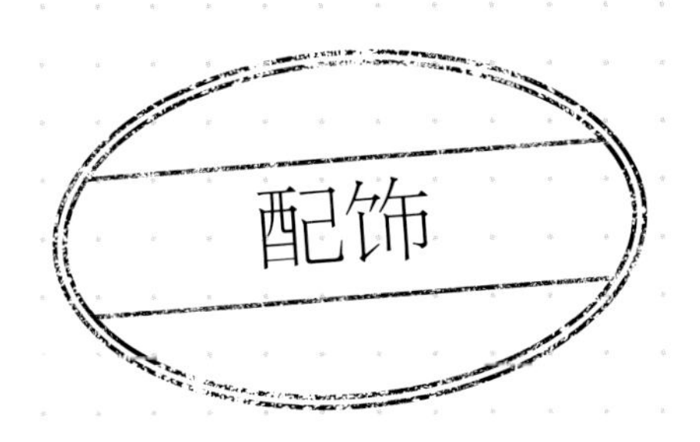

白色流苏靴子，参加“牛仔女孩”主题派对时，还有更多精致的搭配可以选择。

用弹性发圈固定头发，太幼稚了。

凉鞋配白袜，如果是一个美国纽约女演员在一部艺术电影中如此穿着，那没有问题。然而在巴黎，这几乎是行不通的。

把裤袜与鞋子和包包统一色调，是一条大写的“不可以”。

学生时代之后的背包，即使我现在也在背……尤其是那些别致的款式，如皮质和帆布背包或者知名的瑞典品牌Fjällräven。有一点可以确定的是：款式奇异的绿色和紫色运动背包绝对不会出现在我的衣橱里。

反戴棒球帽。关于此点，棒球帽真的是不错的配饰吗？其实戴水手帽或者草帽更佳。

印有广告标语的折边遮阳帽。你会看起来像环法自行车赛的粉丝。不过如果帽子小巧，单一净色，帽檐折边很宽，那就还不错。

布希式塑料大头鞋（洞洞鞋），我知道它非常畅销，但我永远不会喜爱上它。

任何人都可能改变想法

十年前，我认为腰包是旅客的专属配件……好吧，我错了，现在我自己都经常带腰包——甚至是去参加鸡尾酒会。我还有一款镶钻的腰包专为重要的场合搭配使用。金色或者银色款效果也同样令人满意。如此一来，这证明在当下，腰包也处于潮流的行列。

★ **鞋底边缘用大号字体写着品牌名的运动鞋**。即使展示品牌标志是最新的潮流，巴黎女人仍拒绝这种流行。她自掏腰包，却免费给别人做广告，这违背她的道德准则。

★ **绉胶底鞋**，如果你不想因穿了一双鞋子就老了20岁的话，就格外需要避免这个细节。

★ **双手戴满戒指**，对于“手环＋戒指＋手表＋耳环＋项链”的累积组合佩戴方法，答案是不！不！不！不！不！

★ **拒绝佩戴丝巾环扣是完全可以的**。

★ **身体穿刺饰品**，透露出朋克“没有未来”的颓废风。

★ **塑料材质首饰**，在塑料不再被认可的当下，佩戴塑料饰品是品位极其糟糕的体现。

超过50岁时应注意的“时尚误区”

→ **BCBG（雅致即佳）老套的论调**，如珍珠项链搭配耳环，无须赘述。

→ **皮草**，迪士尼影片《101只斑点狗》里的库伊拉形象扑面而来，皮草除了炫耀你丈夫的财富，会让你增龄10岁！

→ **迷你裙和超短裤**。坚持这样的穿着就像4岁后仍断不了奶的孩子，一直长不大！

→ **一些荧光色单品**。我很喜欢荧光色，如全身穿戴白色，腰间再缠上件荧光粉毛衫，让人活力四射。因此我所表明的“一些”单品，并不包含我们在住处附近的服装小店里能买到的那种荧光色莱卡长裙，但是荧光粉色的印度披肩，就适合在露台晚餐时穿戴。

过于贴身的衬衫。若胸部太丰满，两个纽扣间会被撑开。选择一件更宽松的衬衫，并且不要将纽扣一直扣到最上面，以防纽扣崩开。

皮质套装。即使皮革制品备受欢迎，安吉丽娜·朱莉（Angelina Jolie）大胆尝试过，时尚杂志中也经常推荐，我们也不能将皮质外套与皮裤同时成套穿着，这样太似娱乐圈名流风格，皮质外套或者皮裤仅穿一件即可。

渔网T恤。除了麦当娜在电影《神秘约会》里的穿着，再没见到它能让谁穿出满意效果来。

太短的T恤。在海滩之外的地方漏出肚脐绝不意味着优雅。这是个比例的问题。我还要提醒那些对此做出评论的人，吉吉·哈迪德（Gigi Hadid）品位特别，喜爱穿短T恤，但她可不是巴黎人。

过于低胸的豹纹印花裙。性感过度，适得其反，反而毁了性感。

印有儿童卡通角色的长睡衣。我从未见到对穿着Hello Kitty睡衣表露欣赏的男人！

薄透长裤。如果你想展示身体所有，穿长裤还有何用？

印有貌似逗趣语句的T恤，例如，“男朋友此刻不在巴黎”或者是“欲嫁有钱人”。还需要解释为什么吗？

大量材质面料混搭：绸缎+天鹅绒类+雪纺类+粗花呢=织物过量风格

紧身裤。穿出得体、优雅效果的，很少见。

禁忌搭配TOP5

don't 佩戴仿牌包

背着个知名品牌的高仿包四处逛街，其实一点也不时尚。更何况我们并不能确定它的制造过程是否符合道德规范。一个无品牌标签的棉布手袋或者款式简洁的非知名品牌皮质包包会更显直率。

don't 带口袋的长款百慕大短裤

你有在秀场看见过它们的身影吗？回想下你喜欢的那些品牌，并没有这种款式。这正证明此点。

don't 莱卡运动文胸

除非你是"闪电舞"舞者，要么就不要穿。

don't 全身服饰皆牛仔

除非是在给李维斯做广告，否则全身上下皆为牛仔服会让人联想起小甜甜布兰妮（Britney Spears）……巴黎人绝对不会这么做。

don't 全身条纹叠加

在全身的搭配中，最多可以组合两种条纹图案。但是如果想践行时尚杂志的宣言，说一切皆可尝试，在一套服饰中混搭三种条纹图案，那么这等同于时尚"谋杀"。

时尚紧急补救法

一时起意要与朋友聚餐？参加婚宴？去乡下度过周末？当活动迫在眉睫，巴黎女人才会意识到她还没有准备好相应场合的着装搭配时，她们的技巧是什么呢？有5分钟之内快速打造时尚造型的秘诀吗？下面是我应对不同场合的“穿着密码”。

场景

每个巴黎女人一生中至少会有一次受邀参加艺术画廊、文学奖颁奖典礼或是新店开业的鸡尾酒会。

穿着密码

→ 正是秀出吸烟装外套的好时机（下面搭配黑色、白色或者磨损风牛仔长裤），配饰则要能足够吸引人眼球（荧光手包、超大耳环、超宽手链）。最终是为了在不管何种艺术氛围里都能游刃有余。小黑裙同样是个不错的选择，最佳长度为齐膝或者刚刚盖住膝盖。不到40岁的女人也可以挑战超短款，同样很漂亮。

与潜在灵魂伴侣的约会

场景

和Tinder上结识的人约会或者与意中人初次夜晚独处，最终目的是吸引对方。

穿着密码

刻意地彰显目的，只会让巴黎女人恼怒。初次约会穿超低领服装和超短款迷你裙，这种昭然若揭的举动，巴黎女人几乎不会考虑。她们甚至会在冬季约会时穿上套头毛衣。另外，男款白衬衫配上黑色长裤（若想增加些趣味，可搭九分裤）和款式简洁的鞋子，能让你的约会对象专注倾听你的言论。至于内衣，我承认具有塑型效果的文胸会增加诱惑力……前提是不要让它露出来被人察觉！

都市晚宴

场景

受朋友之邀去一家时髦餐厅共进晚餐。怎么才能着装自然适宜不显刻意炫耀？

穿着密码

选择基本款，千万不要穿褶边裙或荷叶边裙。当你不能确定用餐地点的着装规范（可能十分雅致，也可能非常新潮，时髦餐厅的规则总是让人捉摸不透），那么就保持简约风格。

如何让穿着打扮独树一帜？选择好鞋子，大胆尝试那些别出心裁的设计（新颖的颜色，鞋跟恨天高，镶有宝石）。如果鞋子太离谱，还可以把它们藏于桌下！

乡间周末

场景

巴黎女人常被邀请去乡间度周末。怎样穿着才能避免像个乡巴佬呢?

穿着密码

丢掉一切外在的时尚之物。把那些“必须拥有的包包”留在衣橱,换上藤编包或者棉布手提袋,甚至可以是Besace小挎包。带上匡威鞋,收好芭蕾平底鞋。把所有的首饰取下,只保留一只男款腕表。重点放在基本款上(短背心、卡其色裤子、T恤)。仅可保留的潮流单品是条纹海军衫,尤其适合离海不远的乡间。

从办公室前往舞厅

场景

结束了一天接连的会议,径直前往聚会的餐厅,之后转战舞厅,根本没有回家换装的时间。舞会女王的造型可不适合这样的一天(你有穿过亮片裙装去上班吗)。

穿着密码

以吸烟装为主线来改造整体搭配,它雅致的一面适合办公室,性感的一面又适合舞厅。工作时,内搭一件衬衫或者T恤。下班前,脱下衬衫或T恤,即可塑造圣罗兰经典的吸烟装风格(文胸的颜色需要选择黑色,和外衣一致)。与服装相搭的黑色高跟鞋能继续派上用场(有些人可能勇于尝试银色款,这会成为茶水间同事谈论的话题)。再戴上多条项链(白天也可以这么打扮)。把早上佩戴的大手提包收进办公室抽屉里,换上早上预先细心带来的小巧手包。如此改造,非常成功,专业级别,超人的水平也不过仅此而已。

场景

圣诞节的夜晚充满了一切可能。如果想尝试有些戏剧性的装扮，那么这是最佳良机！

穿着密码

圣诞夜是家庭剧上演的场合，那么选择活泼欢快的上衣吧，比如荧光粉色上衣。若要塑造整体迷人的风格，下装可以选择黑色，如百褶长裙或者天鹅绒长裤。给全身的搭配点缀上水钻（戴上镶钻手链，或者腰带上缀以镶钻别针，但是千万不要别在套头毛衫上）。芭蕾平底鞋是个完美的搭配，漫漫长夜正开始。

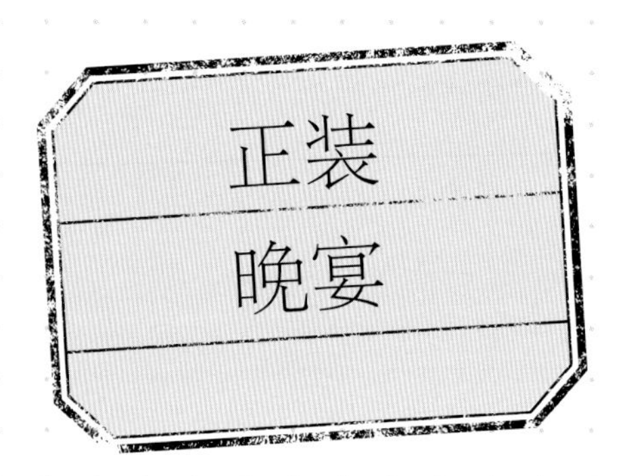

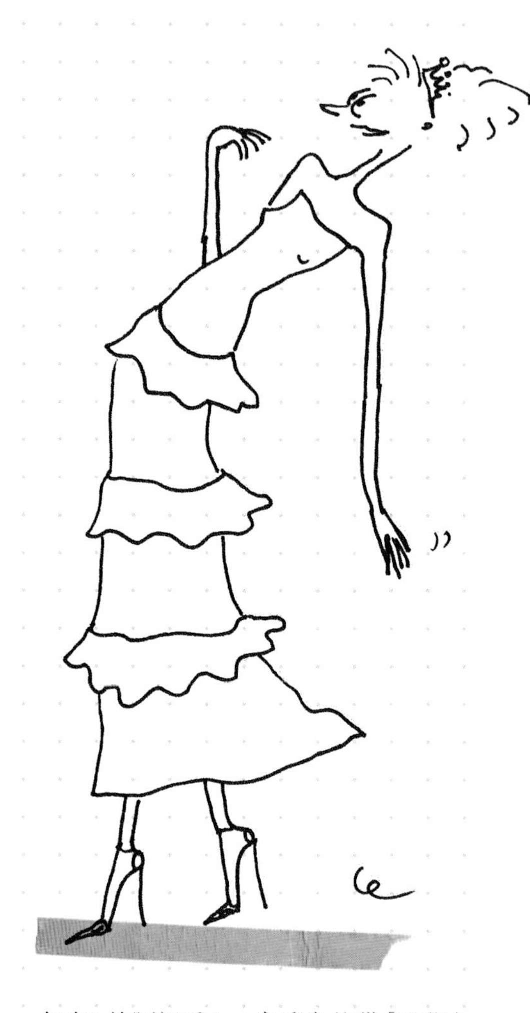

场景

人人周围都会有这样的女孩，她沉迷于童话故事里的场景，她的婚礼上穿着晚礼服和长尾礼裙的男女宾客来来往往。

穿着密码

如果你没有其他的千百个场合可以穿当季流行色，那么此次也别尝试了吧，尤其是你会很快发现自己成了打扮乏味的宾客中的一员（如2018年夏天，珊瑚色随处可见）。小黑裙始终是我们的钟爱款，那么尝试长款的黑色礼裙又有何不可？怎样给常规的礼裙增添一抹生动活泼气息？给腰间系上一条彩色缎带［巴黎女人常从花木马（Mokuba）购买。店址：18, rue Montmartre, 1er。电话：+33(0)1 40 13 81 41］。若仍想尝试彩色款礼裙，就选择你以往喜爱、习惯的色调，这样以后还能再穿。坚持的原则：简单为佳。与新娘竞美绝不适宜。推荐搭配高跟鞋，平底鞋也没问题，没有人会因此责怪你！

居家宴友

场景

即便巴黎女人的着装很讲究，当她们在家里宴请朋友时，她也希望给客人营造放松舒适的氛围。因而绝不会脚踩细高跟鞋，身着小黑裙（而且巴黎女人几乎不在穿小黑裙时配细高跟鞋……），这样特意的打扮会让人感到拘束。

穿着密码

好的搭配是什么？上半身打扮稍显雅致，下装强调舒适感，再配上平底鞋（通常在家时穿的是拖鞋……）。戴上多串手环或者长项链。最后刷上多层睫毛膏，这样的全身装扮显得自然且不张扬。

场景

这样的机会并不是很多，但巴黎女人还是会偶尔抽个时间，接孩子放学，把他带到公园逛一会儿。爱冒险的妈妈，甚至会带孩子去沙坑玩耍。

穿着密码

千万不要挎个女士手提包，这会显得你一点都不了解，接孩子放学时，要给他们带上些点心。那该怎么穿着？牛仔裤、运动衫（尽量颜色鲜艳些，这样小家伙才能在众多的父母中认出你来）和运动鞋（沙坑里的沙子确实不好办，但也不是说就要带上人字拖）。

游览埃菲尔铁塔

场景

不管你是不是游客，在游览埃菲尔铁塔之前，都要准备好着装，以免在攀爬铁格楼梯时发现自己还穿着细高跟鞋。

穿着密码

如果你不是来自巴黎，不要以为必须要用时尚的装备武装自己，才能看起来像当地人一样。其实不刻意强调自己风格的时候，才会看起来像巴黎人。可以选择一身舒适放松的装扮：牛仔裤配上毛衫，如果冷就再穿一件厚呢短大衣。当然还要穿上运动鞋，不仅是以防等候乘观光电梯的人大排长龙，而且更重要的是，走楼梯登上铁塔也对健康有益。

与准公婆见面

场景

与男朋友的关系正式确定下来，他打算把你介绍给他的父母认识。怎样穿着才能符合贤惠儿媳的形象，又不显得太刻意呢（他们会看得出是否刻意）？

穿着密码

没有必要打扮得太女性化，太女性化的风格容易显得太性感。长裤是个首选，真丝印花款效果很不错。如果是夏天，穿件无袖套衫外搭一件短外套（让人能感到态度是认真的）；若是冬天，就穿件长袖衬衫。鞋子则选择平底款（乐福鞋是个百搭款），若想给自己点信心，那么也可以穿带跟的鞋子。但是千万不要脚蹬12厘米高跟鞋，它并不适合家庭聚餐这种场合。整体原则：不能让人认为自己是个轻浮女子……

场景

清晨起床后，发现今天一天有雨。

穿着密码

确实，很多人会觉得是时候取出风衣了。但是这和我们的想法相反，风衣并不能遮风挡雨。所以我们可以穿件毛衣，加件防风夹克，最后外罩风衣。最好是穿件带风帽的防风夹克。这样去哪里都不会因忘记带伞而担心了。而且，除了5岁的孩子因为玩“撑伞再合伞”的游戏而不亦乐乎，谁还会带着把雨伞？称职的母亲都知道，仅需一件防风夹克就可以很好地防风挡雨。

巴黎女人的行李箱

不能带上整个衣橱的装备，那么该如何准备自己的行李箱，确保度假时风姿仍在？这是所有巴黎女人的噩梦。我们都幻想着，度假时自己的装扮能和时尚杂志里的模特相媲美。然而最终，整个假期我们都穿着短裤、衬衫，或者是在当地的跳蚤市场上淘的衣服。所以没有必要打包带上整个衣橱的衣物，享受适时的放手，减轻时尚的束缚。当然也不必空手就出发，以下是巴黎女人行李箱里的必备装备。

* 不管目的地是何方，**牛仔服**是我旅途装备中不可或缺的元素。我的牛仔服饰必备搭档一直都是来自A.P.C（法国服饰品牌）的原色牛仔服。

* **白色牛仔裤**非常实用，不管白天还是晚上都可以穿。它的地位与小黑裙等同。为Ines de la Fressange Paris设计的喇叭裤，正是我钟爱的款式。

* 蓝色洗旧**工装裤**。

* **印度风半裙**或者牛仔短裤。

* 平纹青年布或者亚麻材质的宽大衬衫。

★一两件长袖T恤。我喜欢日本品牌45RPM的款式，也喜欢那些我从美国品牌詹姆士·珀思（James Perse）和Save卡其（Save Khaki）男装区域购买的款式。

★印度风无领长袖衬衫Kurta。

★白色纯棉连衣裙，既适合穿着去海滩又适合参加乡间舞会。

★一条超出寻常尺寸的长腰带，束在腰部或者髋部，可以拯救一些不出彩的造型。我从Kiliwatch和一些军需剩余物资店如Doursoux，购买了一些复古款。

★当然了，别忘记带上内裤。小帆船（Petit Bateau）的纯棉内裤让我沉迷。谁说它们不性感？该性感的是内裤的穿着者，而不是内裤本身。穿上丁字裤并不意味着魅力无法抗拒！

★两套泳衣。

★凉鞋和布面藤底鞋陪伴我度过整个夏季。我喜欢Rondini和Delphine& Victor的款式。最近我还发现了一个品牌Diegos，可以在线上自选布面藤底鞋和绑带的颜色。我花了1个小时研究，发现红色绑带与海军蓝色鞋子，白色绑带和红色鞋子，以及红色绑带和粉色鞋子相配的效果比较好，最终我下单选择了黑色的绑带和同色的布面藤底鞋。

★一件马来西亚纱笼（paréo）长裙即可。避免带上多件paréo、帽子、提篮和小首饰。因为在度假地点购买总是很有趣味。

空中旅行

巴黎女人从不会掉以轻心，即使她们在机场也要展现迷人、独特的风姿。当然，她们不会像那些刚到洛杉矶的明星，腋下夹着旅行枕，躲避狗仔队的围追。但即使在旅途中，不管遇到何种突发情况，她们也要保持时尚达人的形象。以下是她们的空中旅行时尚清单。

* 巴黎女人喜欢轻装上阵，比起用一个大号（且笨重）能压垮脊背的行李箱，她更愿意带上**两个小号尼龙拉杆箱**。无论如何，要打消带上整个衣橱装备的念头。对于要去戛纳走红毯的女明星，她们需要多种备选搭配，才会想带上整个衣橱的服饰。但如果只是去海滩晒个日光浴，这样做未免荒谬了些。至于拉杆箱的颜色（是的，都要考虑到，不能有任何疏忽之处），黑色是个安全的选择，但是黑色行李箱人人都有。所以如果不想在行李传送带处上演“神探加杰特”（inspecteur Gadget），在满目黑色行李箱中翻找行李，那还是选个卡其色的吧（比如我钟爱的品牌Périgot、Eastpack的拉杆旅行包或者Bric's的软壳行李箱）。

* **袜子**，脱下鞋子后可以马上就穿上。

* 长途航班中，可以穿上柔软材质（纯棉或者拉绒）的**低腰窄腿长裤**，绝不要穿短裙和连衣裙！

* **一件宽松保暖毛衫**非常有必要，里面多穿几层（无袖背心和长袖T恤），这样以便到达目的地时根据当地天气一层层脱掉。

* 保湿霜、润唇膏和眼药水全要带上——旅途中补水非常关键!

* 运动鞋（对我而言，匡威是最好的选择）。绝对不要尝试穿着高跟鞋或者靴子去坐飞机，你可能发现脱下鞋睡了一觉后再也穿不进去了，鞋子只能当作耳环派上用场。

* 一个超大号手提包，能把书、杂志和电脑全部装进去。

户外运动行囊

我喜欢滑雪，但这并不意味着我需要穿一身滑雪装，像轮胎广告中的吉祥物。牛仔裤也可以滑雪时穿着，还能减小我冬季出行的行李箱尺寸。

巴黎女人的11件简约时尚基础单品

经典基础款总是能塑造出好的风格。像巴黎女人一样着装打扮,(几乎)很容易实现。男士西装外套、风衣、海军蓝毛衫、背心、小黑裙、牛仔裤、皮衣……衣橱里储备了这些经典基础款就足够了。接下来就要看如何组合这些单品。预期达到怎样的效果?如何做些调整?需要避免之处是什么?以下为如何用11件基础单品打造“巴黎时尚”——地道巴黎风格的搭配指南。

小黑裙

解析小黑裙

小黑裙并不是某件特定的服装，它是一种概念，是一个抽象的，通用的名称。事实上，小黑裙到底意味着什么，很难具体定义。是法国歌手伊迪丝·琵雅芙（Édith Piaf）穿着小黑裙，手放腹部的一幕？还是安娜·麦兰妮（Anna Magnani）在意大利新现实主义电影中穿着小黑裙的含泪画面？无论哪种画面，对于我们每个人来说，小黑裙是特有的记忆。而如今，就像每个人都有多条牛仔裤一样，我们都有几件小黑裙。尽管款式相异，它们却都有一个共同的名称。小黑裙成为女性间公开的秘密，或者说是女人之间的天机：它是在各种场合皆能救场的利器。

预期效果

简约、利落、纯粹……和适度的优雅。

明星风范

穿小黑裙时搭配黑色大镜框墨镜（派索Persol的20世纪80年代款式）和芭蕾平底鞋。冬季，还可以戴上一副长手套，就像奥黛丽·赫本（Audrey Hepburn）在影片《蒂凡尼的早餐》中一样，我们也已经准备好去Tati Or（法国连锁百货）前享用早餐。

永恒的经典

不经意的瞬间，陈列架上只剩下一件小黑裙。我突然明白，它是为我而留。每个品牌专卖店永远都有一件小黑裙隐匿其中，它等待着成为某个女性衣橱里的不可或缺之物。

皮夹克

预期效果

打消造型中“大妈”的一面，改造一切太中规中矩的风格。

明星风范

棕色皮夹克+白色牛仔裤+丝质上衣+高跟鞋。

让它亮眼起来

* 棕色皮衣，凸显品位的单品。
* 雪纺裙上罩件皮夹克，能抵消裙装的“花园聚会”之感。
* 冬天，穿在大衣里面，可以给偏优雅的整体造型增加一点点摇滚感。甚至毛衫还可以从夹克下摆外露。
* 配上珍珠项链。出其不意才能制胜。
* 皮衣越是磨损陈旧，越有味道。刚买的皮夹克，穿之前可以放在床垫下压上几夜……或者在上踩踏几回。你也可以去古着店挑选一件，这样就不必因床垫下有东西，几夜没有好梦了。

时尚过失

→ 别与机车靴搭配，除非你是法国明星马龙·白兰度（Marlon Brando）。

永恒的经典

皮夹克的最佳款式，是尽可能地贴身，高袖窿、贴袋。在预想的购物之地不一定能找得到，我自己的是在打折季时，从巴黎设计师品牌科琳娜·萨吕（Corinne Sarrut）淘到的。虽然这个品牌已经不在了，机车感的夹克（风格不要太强烈），仍然很流行。

风衣

预期效果

给人一种固定风格的印象，它是我们的第二层肌肤。

明星风范

搭配牛仔裤，或是正式一点的西裤，或是内搭黑色小晚礼裙……真的，你有见过风衣毫无用武之地的时候吗？它百搭而且适合所有场合！

让它亮眼起来

卷起袖口，揉软、弄皱领子，以免显得太呆板僵硬。

时尚过失

→ 塑造军装风格。这是太浅层次的演绎，因为风衣就起源于为战壕作战的军人而设计的大衣。

→ 搭配太长的半身裙。小心看起来像“层叠蛋糕”。

→ 里面内搭两件套毛衣，戴上珍珠项链，下面穿着铅笔裙，并戴上束发带。这样极有可能被当作古板无趣的人……除非你是故意为了强调反差效果而如此打扮的16岁女孩。

→ 选择涤纶质地。

永恒的经典

毫无疑问是博柏利（Burberry）的风衣了。也有一些从远处外观上看来与它相似的其他品牌风衣，虽然并没有博柏利标志性的里衬，但也依然是经典传奇的设计。

海军蓝毛衫

预期效果

干净利落但不会太严肃。我们想塑造简约朴素风格，但要比黑色毛衫精致一些。必须承认：黑色毛衫，有时候也显得太随意了些！

明星风范

白色牛仔裤+V领海军蓝毛衫+高跟凉鞋+皮夹克。

让它亮眼起来

* 配条白色牛仔裤，它们完美搭档。
* 配上黑色长裤，像伊夫·圣·洛朗（Yves Saint Laurent），开创绝佳的新色彩搭配，蓝与黑的搭配。
* 若要塑造悠闲洒脱风，则配以平底鞋。
* 夜晚时，搭配高跟鞋。在手腕戴上成串的手链，叮当碰撞声悦耳，却不闪耀浮夸。

材质的选择

羊绒最佳。是不是很贵？那倒不一定！到处都能找到平价的羊绒衫（巴黎女人总要拥向Monoprix的羊绒衫）。而且羊绒质地的毛衫比起那些几次洗过就磨损的材质，更为耐穿。

时尚过失

→ 海军蓝毛衫几乎不会出错……除非搭配黄色（看起来很像瑞典家具品牌的logo配色）。

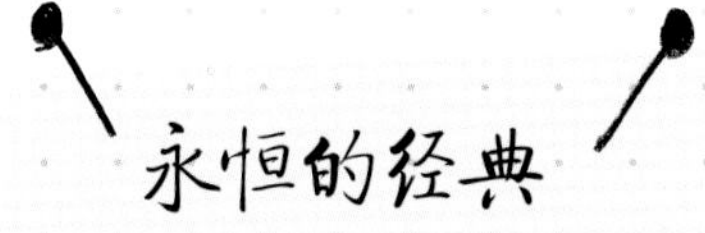

海军蓝毛衣到处可见，我的是从优衣库购买的（不仅是因为我和这个日本品牌有合作，而且他们其实非常注重产品的品质）。

海军蓝男款大衣

永恒的经典

显然要在男装专柜购买，选择小号型的尺寸。不管是在Zara、Ines de la Fressange Paris还是在Éric Bompard，这种银行家风格的大衣都以简约设计而著称（不要选纽扣很醒目的款式）。

预期效果

时髦但又不浮夸，既有女性的优雅，又兼具男性的洒脱。

明星风范

着装讲究的巴黎女人衣橱里都会有这样一套装备：运动衫+牛仔裤+运动鞋，搭配此款超级经典的大衣。

让它亮眼起来

- 下搭一条跑步长裤。
- 下穿白色长裤和内搭牛仔衬衫，万能搭配，适合所有场合。
- 内穿亮片长裙，节日气氛扑面而来。
- 搭配褪色牛仔裤和T恤，几乎能斩获奥斯卡最佳基本着装奖。

时尚过失

→ 和半身裙搭配，简直是一场灾难。

牛仔裤

明星风范

磨损牛仔裤+吸烟装外套+漆皮德比鞋+印花围巾。

如何配置色彩？

* 天蓝、水洗、磨白、靛蓝，蓝色系牛仔裤中的这四种色调，一年四季皆宜。
* 黑色款是必备。
* 白色款风格偏轻快。下面，该你决定如何组合配置自己偏好的色彩了。

白色款何时穿着最佳？

谁说白色牛仔裤只适合夏季穿着？与海军蓝毛衫搭配，再穿双芭蕾平底鞋，同样是冬季推荐造型。它同样适合晚宴造型：上搭银色亮片外套，甚至去参加爱丽舍宫的宴会都没有问题。

预期效果

过去我们衣橱里只需一条牛仔裤。现在，拥有多条风格相异的牛仔裤：天蓝色、海军蓝、白色、黑色……随季节和心情而选择穿搭，也是富有趣味的事。

哪种款式最佳？

虽然不同风格的牛仔裤之间最佳款式之争仍在继续，时尚达人的抉择也在宽松的袋型裤和男友风牛仔裤之间摇摆，但有一点毋庸置疑：直筒裤始终经久不衰。

永恒的经典

穿上效果最佳的那条就是每个人的经典款。

紧身短背心

永恒的经典

当然是小帆船(Petit Bateau)品牌!它是法国服饰品牌的珍宝，因此它的紧身背心是每个巴黎女人的必备单品。选择儿童的尺码(16岁)，轻微的紧身效果很好地衬托时尚感。

预期效果

辅助作用的搭配单品，不会很显眼，给整体造型做陪衬。

明星风范

白色紧身背心+米色长裤+男款外套+乐福鞋。

让它亮眼起来

- 下搭短裤、牛仔裤，甚至半身裙(印花款最佳)。
- 配以一条优质项链。
- 搭配吸烟装外套，或者轻便休闲外套。

如何配置色彩?

选择简单的色彩：白、黑、灰、海军蓝或者卡其。避免选择翠绿色，即使它是流行色。红色也排除在外，虽然它很适合夏日海滩上玩耍的儿童，便于父母们一眼发现自己的孩子，但仅适用于此种场合。

时尚过失

→ 裸色背心，谁会想要裸体的效果?

→ 印有“Marcel”标志的背心，纯粹多此一举(法语里Marcel即是无袖背心之意)。

铅笔裙

预期效果

- 无须迷你裙仍能塑造性感迷人效果。

明星风范

与T恤相搭，打破了铅笔裙过于典雅的一面。

让它亮眼起来

- 与夹克衫或者飞行员夹克搭配，千万不能搭休闲外套。
- 上搭男款衬衫，并且把下摆扎进裙子里，领口处几粒纽扣散开，袖子卷起。
- 上穿一件宽大的毛衫，洒脱风立现。

时尚过失

→ 复制职场女性的打扮：缎面衬衫，休闲外套和高跟鞋。

永恒的经典

克里斯汀·迪奥（Christian Dior）是最早在他的时装系列中推出铅笔裙的设计师之一。如今在这个品牌，还留有铅笔裙的一席之地。但是，在其他的品牌中同样可以找得到此件单品。

连身裤

预期效果

塑造迷人女孩的形象，而不是像个当地附近的汽车修理工。

明星风范

除了穿一双平底凉鞋，不穿任何袜子。

让它亮眼起来

- 束上粗犷风的针扣款皮带，带扣光泽闪亮或者带身饰有铆钉，造型非常有整体感。
- 前胸领口处多条项链叠戴。

时尚过失

→ 穿连身裤时，巴黎女人从来不会搭配高跟鞋，即使很多女孩都这么打扮。

永恒的经典

原创品牌。比如售卖工作服的店铺里的。虽然不贵，但不是很合身。我最钟爱的连身裤，来自Atelier Beaurepaire。

白衬衫

预期效果

无论配合何种造型，风格立显。

明星风范

搭配牛仔裤和银色凉鞋，造型虽简约但不单调。

让它亮眼起来

- 外搭皮衣。
- 下穿铅笔裙。
- 配吸烟装外套，名流场所也畅行。
- 外穿厚呢短大衣，显得庄重不随意。
- 搭上一套白色西装，格外引人注目。

时尚过失

→ 执着于将白衬衫和印花服饰混搭。白衬衫不是一件中性的、没有格调的单品，它也可以表达自己独特的个性。

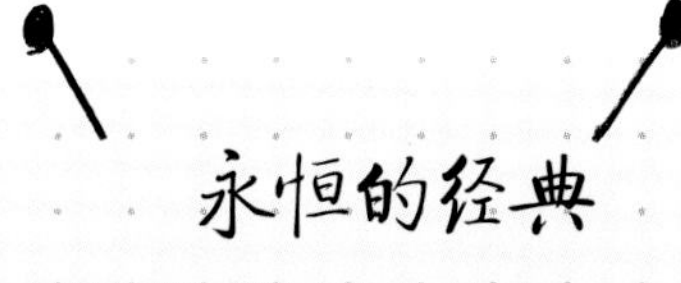

永恒的经典

巴黎人会告诉你很少有品牌能比肩Charvet（28, place Vendôme, Paris 1er）的白衬衫。

男款休闲西服外套

预期效果

刚柔并济。不能太过阳刚，学会如何在阳刚中寻找表达女性柔和气质的方式。

明星风范

海军蓝轻便休闲西服外套+白色雪纺绸衬衫+白色牛仔裤，清爽又简约，人人都适合。

时尚过失

→ 不要和迷你裙搭配，太女性化的单品毁坏了男款休闲西服外套本身的阳刚感。

→ 太过宽大的男款休闲西服外套，时尚感尽失。肩部尺寸太过宽大以至于垫肩从肩膀处滑落，简直是时尚之过失！

让它亮眼起来

* 一定要束上腰带！
* 卷起袖子，最佳体现“简约时髦”之风的方式。当外套内衬是不同颜色时，会更显活泼。
* 白天，配以一条颜色不同的长裤（牛仔裤绝不会出错）。
* 晚间，外套与长裤同色系搭配（黑色下装配黑色上衣，长期以来一直适用）。
* 里面搭配一件白色衬衫，前襟漫不经心地敞开，微露诱惑之感。若穿件蕾丝，丝质或者有光泽度的上衣，则雅致中透出性感。

永恒的经典

最经典的是伊夫·圣·洛朗（Yves Saint Laurent）的吸烟装。如大师的建议，里面只穿件文胸。显然它的价格不是所有人都能承受得起，幸好，它的成功引起很多其他品牌的仿效。所以，在其他地方也可以买到价格适中的吸烟装外套！

亮点来自配饰

由于巴黎女人钟爱由基本款构建的时尚，所以她们的风格取决于所选择的配饰。无论体型高大或是娇小，苗条或是圆润，没有什么比配饰更容易购买和配搭的。尤其是当你想在配饰上大量投资时，可以配置价格较便宜的服装，反正不会被察觉。总而言之，配饰非常重要!

鞋的舞台

女人在鞋子上投射了大量的幻想，它是一种符号，象征她们期许成为的样子。所以不难理解有的人会购买一些她们从来不会穿的鞋子。我们对鞋子的欲望像对包包一样：明明鞋柜已摆满，仍然抗拒不了新鞋的召唤。我们熟知只需一双鞋，就能让造型焕然一新。

思考

拥有一双鞋子也可以，但得是一双精挑细选的好鞋。一双运动鞋在下雨时，仍能让你毫无障碍地出行。

关于高跟鞋

很多女人认为自己穿上高跟鞋就会显得更加亮眼，这绝对是个误解！她们应该问问男性的看法，绝对没有男人会说："如果你再高10厘米，我会更加爱你！"更别提很多女人穿上了高跟鞋，常常不知道怎么走路。把高跟鞋穿得像杂技演员进行平衡技巧表演，没有什么比这更糟糕的了！想要性感些？首先要步态轻盈多姿，而不是踉踉跄跄。据我所知，就有一些女孩为了盲目追求增高效果，最后不得不靠拐杖才能行走。她们连最基本的有技巧的摇摆步态都没有掌握。想穿高跟鞋，还需在家中多多练习。

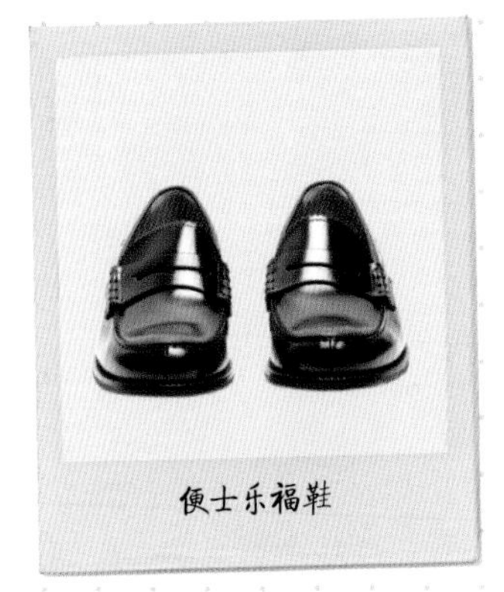
便士乐福鞋

凉鞋

德比鞋

芭蕾平底鞋

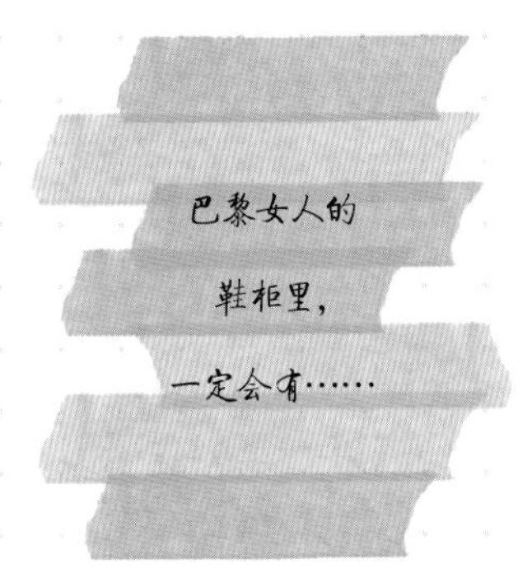

黑色高跟鞋

马靴

绒面平底鞋

运动鞋

便士乐福鞋

必不可少的一款鞋。但是需要知道如何能避免陷入“雅致即佳”（Bon Chic Bon Genre, BCBG）的陈旧而夸张的论调。因而，避免和褶裙搭配。袜子选择厚实些的，再搭条稍短的牛仔裤。

不要忘了在鞋面裁切处塞入一枚硬币，硬币正面朝上还可以带来好运。每个品牌的便士乐福鞋我都有收集，其中包括知名品牌 G.H.Bass & Co的Weejuns鞋款。

凉鞋

离开凉鞋如何过夏天？我是做不到！传奇的凉鞋品牌Rondini只有在圣特罗佩（Saint-Tropez）或者品牌官网才能买得到。K. Jacques的凉鞋也可以作为另一个选择，同样也是在圣特罗佩生产的。在其官网和巴黎（地址：16, rue Pavée, 4e；电话：+33(0)1 40 27 03 57）都有售。但是真正的巴黎女人会告诉你最好去生产地南法购买。

德比鞋

如果想要呈现经典风格，但又不愿显得做作；或是打算穿平底鞋又不想太过“低调”，德比鞋是最完美的折中选择，尤其适合搭配牛仔裤穿着。

芭蕾平底鞋

在米兰或是A. P. C可以买得到意大利经典芭蕾鞋品牌E. Porselli 的鞋子。如果你像我一样个子很高，并且受够了穿高跟鞋时总有人说：“你确定你真的需要高跟鞋吗？”那么一直穿着芭蕾平底鞋也无妨。幸好芭蕾平底鞋款式丰富，适合各种场合。

黑色高跟鞋

好的黑色高跟鞋，一辈子一双就足够，因此，它值得我们去投资。当然，在某段时间圆头款比较流行，过段时间又流行尖头的。但是如果选择的是超经典的款式（鞋头既不特别圆，也不特别尖），那么可以穿着走上数百公里也不用重返鞋店再换一双。

马靴

不到35岁的女人，马靴可以搭配半身裙、连衣裙，甚至搭配短裤和紧身裤袜也没有问题。它是冬季的畅销单品，就像其他季节的芭蕾平底鞋一样。无论黑色还是棕色，只有真正的马靴款式，才是时髦单品。此外，我还认识一些巴黎女人，她们对时尚的要求十分严苛，特别讲究，都是去专业马术用品店购买马靴。

绒面平底鞋

我的绒面平底鞋和威尼斯贡多拉船夫麂皮便鞋并不相似，它更像是薄底绒面乐福鞋。特别是还有水钻和刺绣装饰。谁说参加派对只能穿高跟鞋？

运动鞋

如今，即使是不热衷于rap的巴黎女人，在周一穿裙子时也会配上一双运动鞋。虽然其他众多品牌同样也有人穿，但我一直是匡威的忠实拥护者，它是7~77岁巴黎女人的“官方运动鞋代表”。

风格由包包塑造

思考

宁可挎只藤编包也不要挎仿牌包。伪造的就是伪时尚!

儿乎不会因为包包而产生任何“时尚过失”（背包除外）。从动物印花图案的包包到大红色包包，都有它的用武之地。甚至是镶有亮片的包包，白天也可以整日挎着出行。

根据鞋子的颜色搭配同色包包的做法只适合不到30岁的女性，过了30岁还这么搭配，让人增龄10岁。

包包是塑造巴黎女人着装风格的关键元素之一。它可以使生活更轻松有条理（有专放手机、口红的口袋，挂钥匙的扣环，还有内置口袋灯），也能让生活乱成一团麻（一个大桶包，里面的东西混杂无章。如果钻进一只小猫，连母猫也找不到它）。所以选择好一款包包至关重要。巴黎女人不会因当季流行而购买，她会随内心喜好而选购。她们对“必备款包包”兴趣缺缺，她们追寻的是经典的“传奇款”。

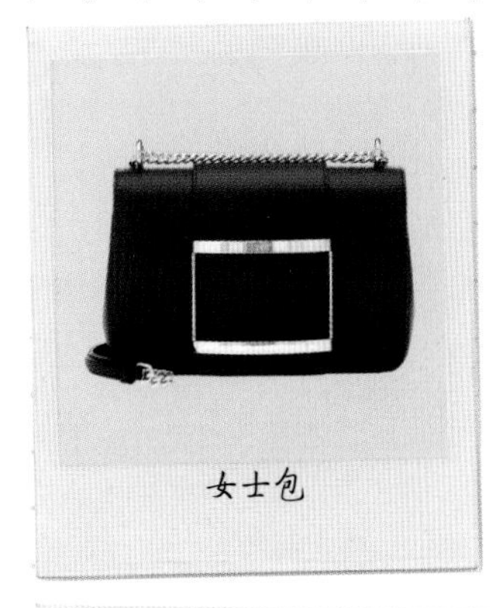

女士包

藤编包

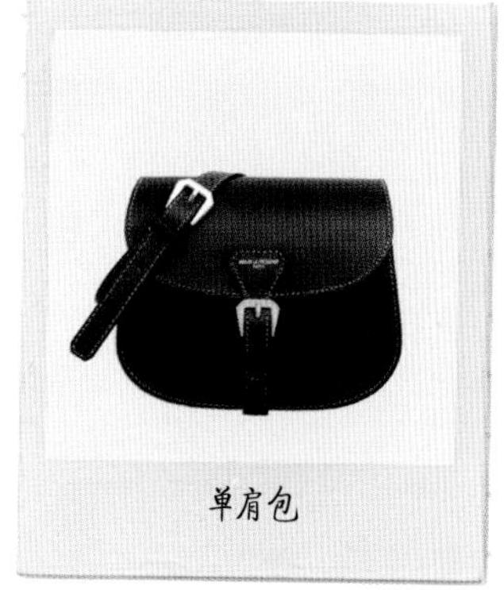

单肩包

大手提包

饰有珠宝的晚装包

女士包

✶ 巴黎女人喜欢说她的包是从她祖母那流传下来的，但人人都知道其实是在爱马仕选购的。

单肩包

✶ 营造休闲气息，而且能表示自己并没有患“必备款包包痴迷综合征”。单肩包，是一生都可以背的包包。

藤编包

✶ 夏日好搭档，就像歌手简·铂金（Jane Birkin）在圣特罗佩时的打扮。巴黎女人在城市也会用它来与最时髦造型混搭。

大手提包

✶ 日常的忠诚伙伴。当我们晚上要参加派对并且不便再回家取时，可以在包里塞一个晚装包。下班时拿出晚装包，把手提包放在办公室，没有人会留意到你的换装！

饰有珠宝的晚装包

✶ 在衣橱里置备一款光泽闪亮的晚装包，如同在厨房备有 Marks & Spencer 甜咸爆米花一样，非常必要。镶嵌装饰有亮片、水钻、金银线等，所有这些晶莹闪亮的材质都可能会改变时尚的历史进程。

闪耀的首饰

全天候的闪耀。谁还会坚持钻石项链只能晚上佩戴呢？我有一条是从祖母那流传下来的，白天穿T恤时，我会佩戴在T恤外。每当有人问它是从哪来的，我会告诉他们这只是人造钻石。是的，我有时也会佩戴人造珠宝首饰。现在，几乎没有人能区别出来它是真还是假！

思考

不要把自己的订婚戒指、十周年锡婚戒指以及孩子出生时收到的坠着小饰物的手环组合佩戴。最美丽的珠宝当属自己的婚戒。

选择Marie Hélène de Taillac的碧玺或Adelline的拉长石，高雅奢华而且不浮夸。

永远不会嫌多！

巴黎女人排斥配套的着装打扮，这并不意味她们是极简主义者。她们喜欢叠戴项链和手环。注意，千万不能项链和首饰都叠戴！除非是穿着清爽的夏日风格。

叠戴首饰的精髓在于一定要选择同种材质：全部是银的或者全部是金的。对于项链，叠戴的多条项链要长度各异，这样才能修饰颈部曲线。

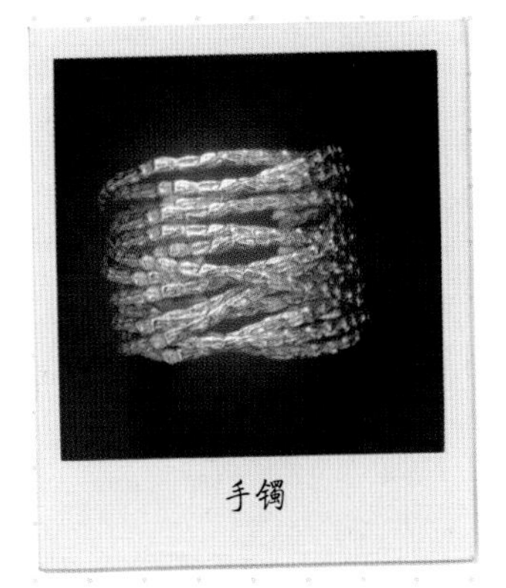

手镯

幸运手链

男款手表

复古耳环

彩色宝石戒指

手镯

手镯是对全身服饰造型的一个“宣言”。成串的手镯也是值得置备的首饰品类。

男款手表

打破常规对手表作为配饰的固定定义。

幸运手链

如果你的手链来源于国外，就可以这样跟朋友们说：“我也挺想把店址给你，但是这是朋友从印度帮我带的。”

复古耳环

复古耳环永远不会过时，因为它已经流传了百年。

彩色宝石戒指

镶有完整宝石或者半宝石的金戒指是永恒的时尚。

搭配禁忌

超大尺寸项链＋大耳环，会让人像个移动的圣诞树！

理想衣柜

“没有一件可穿的衣服！”你有多少次吐露这样的抱怨呢？即使是时尚达人们，有时也会觉得她们的衣橱总是空荡荡的，而且可穿的衣服都一样。然而掌握了混搭诀窍后，下面五套装束，可以让我们时髦到老！

牛仔裤，可以这样搭配：

→ **1. 厚呢短大衣**，双排扣的细节设计点亮整体造型。

→ **2. 平底凉拖鞋**，有助打造整套简约印象。

→ **3. 白色T恤**，必不可缺单品，确保简洁风格。

→ **4. 手拿包**，确保给整套“低调”装束增加些时尚格调。

→ **5，6. 复古风手表和棕色皮带**。

吸烟装外套，可以这样搭配：

→ **1. 白色衬衫**（或者一件白色男款衬衫）。

→ **2. 吸烟装西服裤**（牛仔裤也可以）。

→ **3，4，5. 水晶和钻石首饰**，如果是特殊的晚间场合可以选择在戴一条珍贵的宝石长项链时，将衬衫纽扣打开，并搭配一个饰有宝石的手拿包。

→ **6. 无鞋带的运动鞋**（不要搭配高跟鞋，太没有新意）。

白色长裤，可以这样搭配：

→ **1. 动物纹大衣**，或者其他流行的外套（格纹或者亮色系都可以）。

→ **2. 黑色高跟鞋**（若换成运动鞋，则偏白日的造型装束）。

→ **3. 黑色高领毛衣**，冬季的好盟友。

→ **4. 单肩包**，中和了整套装束过分的雅致感。

→ **5，6. 一串手镯和黑色的皮带**。

黑色毛衣，可以这样搭配：

→ **1. 黑色绒面长裤**，替换牛仔裤的单品，给整套装束带来柔和气息。

→ **2. 学院风便士乐福鞋**，稳重且不随意。

→ **3. 大号手提包**，能容纳大量文件。

→ **4. 男款大衣**（无论什么色彩，只要能塑造身形即可）。

藤编包，可以这样搭配：

→ **1. 皮衣**（或者牛仔外套），摇滚风或民族风，由它决定整套装束的基调。

→ **2. 印花薄裙**，如果是长款，更显雅致（要注意和皮衣带来的不同风格相融合）。

→ **3，4. 长项链**和手镯一直很搭配。

→ **5. 光泽感的平底凉鞋**，减轻整体装束的摇滚风和民族风。

必备单品清单

我们始终会觉得衣橱还缺点什么，所以完美的衣橱根本不存在。然而我还是学会了如何精简我的衣橱，不仅因为囤积衣物不符合时尚潮流，而且精简后的衣橱里，衣物一目了然。以下是精简后仍需备置的单品。

牛仔裤

- ☐ 黑色款
- ☐ 原色款
- ☐ 水洗款
- ☐ 白色款

长裤

- ☐ 高腰裤
- ☐ 黑色绒面裤
- ☐ 丝质印花长裤
- ☐ 九分裤
- ☐ 海军蓝水手裤

短裤

- ☐ 夏季专属牛仔短裤

半身裙

- ☐ 铅笔裙
- ☐ 长款半身裙

连衣裙

- ☐ 衬衫连衣裙
- ☐ 小黑裙

毛衫

- ☐ 黑色或海军蓝高领毛衫
- ☐ 黑色、海军蓝或米色圆领毛衫
- ☐ 黑色、海军蓝或米色V领毛衫
- ☐ 紫红色毛衫
- ☐ 大号宽松毛衫

卫衣

- ☐ 灰色卫衣

罩衫与衬衫

- ☐ 白色罩衫
- ☐ 格子衬衫
- ☐ 条纹衬衫
- ☐ 白衬衫
- ☐ 浅蓝色（或牛仔）衬衫

T恤和紧身背心

- ☐ 白色或黑色T恤
- ☐ 紧身背心
- ☐ 细肩带贴身背心
- ☐ 条纹水手衫
- ☐ 印度风罩衫

夹克、休闲西服外套和大衣

- ☐ 皮夹克
- ☐ 牛仔外套
- ☐ 黑色或海军蓝休闲西服外套
- ☐ 吸烟装外套
- ☐ 双排扣厚呢短大衣
- ☐ 米色风衣
- ☐ 海军蓝男款大衣

鞋子

- ☐ 美式乐福鞋
- ☐ 饰有珠宝的麂皮平底鞋
- ☐ 德比鞋
- ☐ 芭蕾平底鞋
- ☐ 黑色高跟鞋
- ☐ 平底凉鞋
- ☐ 运动鞋
- ☐ 马靴
- ☐ 短筒靴

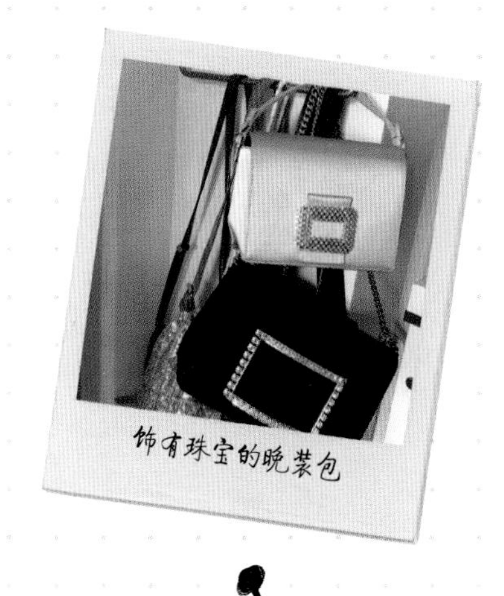

饰有珠宝的晚装包

包包

- ☐ 单肩包
- ☐ 藤编包
- ☐ 黑色迷你包
- ☐ 手提包
- ☐ 饰有宝石的晚装包

珠宝首饰

- ☐ 宽手镯
- ☐ 层叠项链
- ☐ 金色手环
- ☐ 宝石首饰

皮带

- ☐ 黑色皮带
- ☐ 棕色皮带

丝巾和围巾

- ☐ 羊绒围巾
- ☐ 印花丝巾

帽子

- ☐ 海军蓝鸭舌帽
- ☐ 草帽

购物秘籍

是的，我承认也曾经购入一条只穿了一次的长款半身裙，裙褶有点多……最终，它流入了二手服装店，等候着超级时尚迷去探索发现惊喜。谁没有被短暂的流行诱惑过呢？除了规划好购物“旅行”，更要用购物“秘籍”武装自己（如何快速精准地决定是否买某件服饰），才能避免陷入盲目购物，入手那些不适合自己的衣物。下面是购物时必备的“秘籍”，让我们避免成为时尚的受害者。

应当听从导购员的建议吗？

即使一些导购员总是期望着顾客会把店里所有品类买个遍，满载而归。她们还是深知给顾客的建议越中肯，顾客越有可能回头光顾。所以，有时她们的建议还是可取的。但要注意不要轻信下面的这五种话语。

- “这是当季非常流行的呢！”巴黎女人讨厌大众款，她非常留意适合自己的风格服饰，几乎不关心当季的流行。
- “我自己也买了，我每天都穿着。”汽车推销员常用的销售技巧。
- “这件就是贴身款”，当大一码的已经售罄时，她们会如此劝服你。
- “这双鞋现在有点紧，穿穿就好了。”当心，你有可能会需要在鞋子里穿上厚厚的滑雪袜，在家中穿着三个月，变松以后，才能穿着它去参加鸡尾酒会。

过度追随潮流让风格丧失

巴黎女人总是装作她们不在意流行的样子。“真的，现在流行豹纹吗？我根本没有等时尚大咖们发布潮流信息，我一直都在穿，都有十年了。”实际上，她紧跟潮流，她的雅致在于让流行元素渗入自己的风格里，让人难以察觉。做到这点，需要潮流与自己的风格自然融合，所以要掌握一些原则：如果自己适合经典风格，那么不要混搭银色半身裙，虽然它是当下热款单品。但却可以尝试当下超流行的领结衬衫。人人都有时尚限制，要清楚哪些是不适合自己的流行，才能避免照搬时尚法令规定的风格。

不要让衣橱超负荷（巴黎女人的衣橱都很小巧）

一方面，我们拥有质量过硬的基础款。另一方面，最爱的装备让衣橱充满着乐趣（皮带、包包、新奇的珠宝首饰）。纵然预算有限，也有千百种方式打造迷人的装扮。其实我们不需要太多东西，最好有几件品质精良的毛衫、外套和大衣，不要追求数量，要学会精简。“这件是我在家里画画时穿的”这样的想法坚决不可行。要学会适度舍弃。有一点可以确定：早晨打开衣橱挑选着装，如果入目的是精简且整齐的衣物，新的一天将更好地开始！

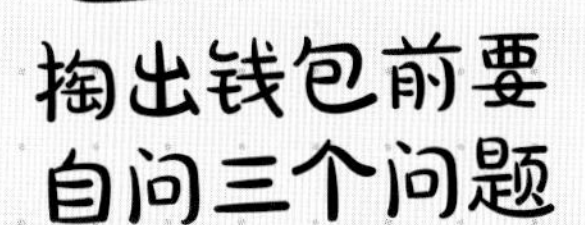

今晚我可以穿吗？

可以⟶买下它。

不能⟶放回原处（货架上）。

穿衣风格我很欣赏的那位朋友会穿这件吗？

会⟶买下它（如果你不穿，还可以送给她）。

不会⟶放回原处（货架上）。

我是不是已经有同款的粉色毛衫了（但若是黑色或者海军蓝，无需自问，这两种颜色的毛衫永远不嫌多……）？

是⟶放回原处（货架上）。

不是⟶买下它（你可能觉得有些奇怪，但是每个人总会需要件粉色毛衫）。

时尚寻宝地

巴黎女人的时尚寻宝之地不仅仅只有avenue Montaigne（巴黎的蒙田大道）。即使是如迪奥（Dior）、香奈儿（Chanel）、路易·威登（Louis Vuitton）、圣罗兰（Saint Laurent）、爱马仕（Hermès）、赛琳（Céline）和其他高级时装屋这些法国服饰技艺的瑰宝，也只是巴黎女人时尚财富的一部分。她们还喜欢去高端奢侈品区域之外寻宝，如去一些不错的小店，当下流行的牌子，或者传奇名胜之地。下面是一些我喜爱的探索之地。

服饰

Casey Casey

风格

极简却不过度的设计风格，顶尖的面料材质，这个巴黎当地的品牌敢于宣称它打造的时尚非常有自己的个性。一切都是超越时尚流行的时限，雅致的简约让品牌在潮流中经久不衰。值得关注的是，一切都是法国制造。

题外之语

“Casey？你确定这不是个日本品牌吗？它也许是由三宅一生创立的附属品牌呢。”

必买单品

棉质长裙，旅行的完美伴侣，即使面料是皱皱的，依旧是很棒的单品。

地址：6, rue de Solférino, 7^{e}
电话：+33(0)1 53 20 03 82

Society Room

风格

✱ 我喜欢店面处于非闹市这一点。若想进入这个仿佛是住家空间的场所，必须得认识品牌的创始人Yvan Benbanaste和 Fabrice Pinchart Deny。或者通过预约，进入这家可以量身定制剪裁完美的西服和衬衫的店铺。设计师Yvan Benbanaste的风格兼具伦敦式剪裁和意式那不勒斯剪裁的特点，都是我所喜爱的风格。除了个人定制服务，Society Room还为喜爱男性着装风格女客户推出成衣系列产品。注意：店里所有的摆设装饰，时时在更换，而且是对外出售的。

题外之语

"我要将西服和这个桌子一起买走。"

必买单品

✱ 它就是为您打造的!

地址：9, rue Pasquier, 8e
电话：+33(0)1 73 77 87 62

Ba&Sh

题外之语

“今年夏天我穿这件Ba&Sh的裙子参加我妹妹的婚礼，冬天配上靴子和紧身袜，效果也很棒。实用，经济又环保！”

风格

谁可以宣称自己十年来一直能满足对印花裙上瘾的巴黎年轻人的时尚诉求呢？Sharon和Barbara，Ba&Sh品牌的两位创始人做到了。她们的品牌历经时间考验，始终处于潮流前线。如果需要一件适合各个年龄层而且可以展现女性气质的服装（设计师明智地把同款连衣裙设计出两种长度），那么定然能在Ba&Sh挑选到。

必买单品

店里任何一件可以收腰、修饰小腹的裙子都值得入手（她们的连衣裙非常棒）。

地址：81, avenue Victor Hugo, 16ᵉ
电话：+33(0)1 88 33 50 78
地址：22, rue des Francs-Bourgeois, 3ᵉ
电话：+33(0)1 42 78 55 10
地址：59 bis, rue Bonaparte, 6ᵉ
电话：+33(0)1 43 26 67 10

Ines de la Fressange Paris

题外之语

“我该买个手链还是买把扫帚？”

风格

若要了解我的店铺里都有什么，阅读本书就足够了。除了服饰系列（多种服饰，包括海军蓝休闲西服和牛仔服），店里还有各种我所喜欢的日常用品和装饰品。你也可以找到诸如Peridot牌给皂器（比生产商的瓶子包装更别致），以及给孩子们的小玩具。当我想要挑件礼物，我从来不会去自己品牌店里选购，担心工作人员认为我不用付钱（这样总不太好）。总归很遗憾，因为店里有很多在别处找不到的新奇的好东西。

必买单品

非常难以抉择。我很想建议“所有东西都很棒”。不管怎样，我经常听到顾客反馈裤子做得非常好。

地址：24, rue de Grenelle, 6ᵉ
电话：+33(0)1 45 48 19 06

The Place London

风格

尽管巴黎女人的装备主要是在巴黎购置，但是她也密切关注着伦敦的时尚风向标。例如，这家店是由Simon Burstein创立的，他之前就在时尚行业工作。他的父亲是多品牌商店Browns［后被发发奇（Farfetch）收购］的创始人，运营时装品牌Sonia Rykiel超过20年。店里汇集了法国和英国女性都钟爱的品牌（如Sofie d'Hoore、Stouls、Laurence Dacade等）。The Place London在伦敦已有分店（位于Connaught Street），这是它的第三家店铺。

题外之语

"没有必要再去伦敦了，所有想找的品牌这里都有！"

必买单品

New Man的微喇款光滑绒面长裤，一个年代的标志！

地址：87, rue de l'Odéon, 6ᵉ
电话：+33(0)1 40 51 01 51

Bella Jones

风格

✶ Bella Jones位于我经常逛的区域附近——rue Jacob（Jacob路上）。然而，我最近才发现这家店。这是一家由Sylvie Sonsino创立的品牌同名实体店。我很喜欢这种主打日常穿着款式的店铺，服饰容易搭配，但却不过时。于我这样已经过了热衷少女风格打扮的年纪的人来说，它是完美的衣橱范本。它兼具几分波西米亚的时尚气息。总之，这里能发现除巴黎之外其他地方会提到的巴黎风格！

题外之语

“这家店所处位置是酒吧Bar Vert的旧址，传说这间酒吧是朱丽特·格蕾科（Juliette Greco）和鲍里斯·维昂（Boris Vian）钟爱的圣日耳曼区（Saint-Germain）的久负盛名之地。”

必买单品

✶ 丝绒外套和长裤，尤其是剪裁毫无瑕疵的印花长裤。

地址：14, rue Jacob, 6e
电话：+33(0)9 83 22 39 85

Atelier Beaurepaire

题外之语

“一定要加上配饰。我会束上一条蓝、白、红色小巧的皮带，这种对服饰的修饰，也是一种修理工作呀！”

风格

✶ 一件蓝色的连身裤在周末总能派上用场：谁都预料不到在家中什么时候会需要搭把手，修修弄弄。即使自己不那么手巧，这身装扮也会给让你看起来像个修理行家。我的连身裤是在靠近圣马丁（Saint-Martin）运河的一家店铺里购买的。

必买单品

✶ 当然是名为Ohlala的工装连身裤了，款式不分性别，男女皆宜。

地址：28, rue Beaurepaire, 10e
电话：+33(0)1 42 08 17 03

Sandra Serraf

风格

应该禁止我进入这家品牌集合店铺，我总是会把陈列架上所有服饰试遍，最后几乎把店内所有东西都买光。我钟爱这家店的风格“适度的异域式雅致”。印度风印花一直很迷人。店里陈列的服饰让我很心动：这里可以找到Isabel Marant所设计的Étoile系列罗马尼亚风情的罩衫，可以给休闲西服外套或其他任何过于严肃的造型增添柔和感。也有Laurence Bras的罩衫和其他一些在别处不容易买得到的品牌，如Xirena或者V. de Vinster。有没有锦上添花之物？店里还有Pascale Monvoisin的珠宝首饰，这是我最爱品牌之一。

题外之语

“Sandra发掘的设计师品牌，两年内肯定会成为时尚杂志的宠儿。”

必买单品

很难只选择一件。我喜欢Siyu的独特印花长裤，剪裁完美，宽松并且手感柔软。折叠后能毫不费力地塞进行李箱。还有配饰，即使在晚上也适合佩戴。

地址：18, rue Mabillon, 6e
电话：+33(0)1 43 25 21 24

Simone

风格

我最喜欢的店铺之一，它没有被列入第一版的*La Pariseen*中。我很高兴此次新版收录了这家店。尤其是店中原创、新颖的服饰系列值得我们去探索，甚至连毛衫的色彩都与众不同。我尤其喜欢Laura Urbinati这个牌子，它的泳衣实在很出彩。总而言之，无论是谁，都可以在这里淘到她喜欢的东西，特别是那些有自己的色彩偏好，想摆脱当季主流色彩限制的人。

题外之语

“这里，没有谁的名字叫Simone，店铺这么命名只是为了让人们更好地记得这条极少被人造访的街道的名称。”

必买单品

店里推出的服饰系列一直在更新，所以很难推荐一款必备单品。看到中意的东西，赶快入手吧。

地址：1, rue Saint-Simon, 7^e
电话：+33(0)1 42 22 81 40

From Future

题外之语

“我买了太多件（其中很多是送人的礼物）了，店里可能很快会拒绝让我入内。”

风格

这是一个颠覆羊绒衫市场的品牌。虽然在外形轮廓上仍是我最喜欢的现代风格（仍有一些稍短的款式，我女儿最爱这样的毛衫），但颜色却特别少见：群青色、橙色、紫色以及荧光粉色，都是我们期待的柔软质感毛衣应有的色调，当然也有更多经典色。虽然他们提倡通过线上购买，但位于巴黎的rue de Rennes街上的品牌店铺仍旧让人倾心。店里所有毛衫一目了然，并且按照纱线支数陈列。最吸引人的是什么呢？毛衫的价格并不昂贵，一件高纱支的羊绒衫售价99欧元，质量也无与伦比！

必买单品

我最喜欢的毛衫设计是圆领插肩袖，其中黄色款已经售罄。

地址：54, rue de Rennes, 6ᵉ
电话：+33(0)1 43 21 22 30

Centre Commercial

题外之语

“这里还销售Dr. Bronner的香皂、蜡烛、书籍以及餐具。正如它的店名，真是名副其实的购物中心（Centre Commercial）！”

风格

一旦我有空，总想去Centre Commercial逛逛。男士们能在这里找到全部的潮客时尚装束（包括AMI d'Alexandre Mattiussi这样的品牌，它是巴黎男士必入手的品牌）。而女士区域，我喜欢的只是一些流行的小众品牌如Masscob、Margaux Lonnberg或者Isaac Reina的包包。

必买单品

Veja帆布运动鞋，生产制作过程人性化并且环保，该运动鞋品牌是由Centre Commercial的创始人之一于2004年创办的。

地址：9, rue Madame, 6^e
电话：+33(0)9 63 52 01 79

By Marie

风格

Marie Gas在挑选品牌，并组合不同品牌服饰产品上独具天赋。她的品牌集合店铺位于巴黎、圣特罗佩和马赛，具有独特的小众气质，店里的商品是全世界时尚粉们的必购之物。她眼光独到，发掘的设计师往往都会走红。从Ancient Greek Sandals到Rue de Verneuil，再到Tooshie的泳装，总是让我们全部都想拥有。

题外之语

“她出身于珠宝世家，她的父亲André Gas开创了以自己名字命名的珠宝品牌。”

必买单品

Marie Lichtenberg设计的珠宝“Locket”，其设计灵感来源于马提尼克岛，并于印度制作。

地址：8, avenue George V, 8^{e}
电话：+33(0)1 53 23 88 00

Khadi and Co

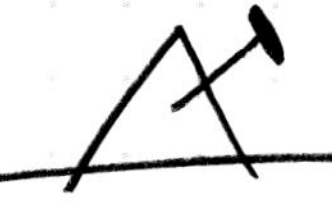

题外之语

“店主Bess在她的Instagram贴文说：不要抱怨，要心怀幸福感。只为此点，我就会到店里购物。”

风格

不来此店，无法感受到民族风尚的精髓。所有服饰的品质和剪裁都很精良。面料特别舒适宜穿着。披肩、外套、大衣、毯子、桌布——顾客总能发现自己心仪之物。自甘地之后，印度的Khadi土布成了“自由意识觉醒”者独立的象征，而且只有令人惊叹的手工编织技艺才能织造这种轻薄的土布。品牌的创始人是一位总是流露着幸福感的丹麦人Bess Nielsen。

必买单品

如果难以抉择，买一条围巾吧，值得永久佩戴。

地址：82, boulevard Beaumarchais, 11e
电话：+33(0)1 43 57 10 25

Soeur

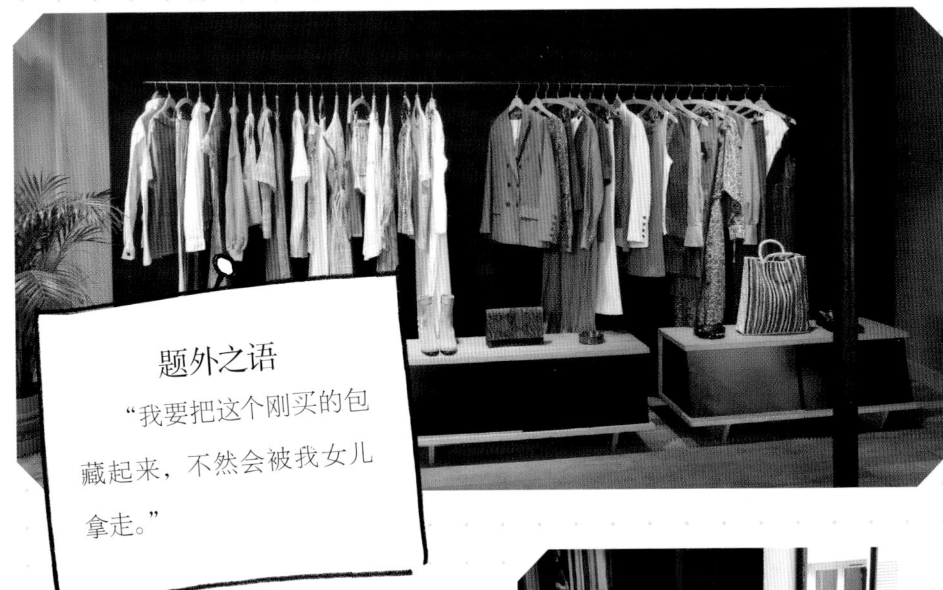

题外之语

“我要把这个刚买的包藏起来，不然会被我女儿拿走。”

风格

“Soeur”由Domitille和Angélique Brion姐妹共同创办，最初面向的是年轻群体。然而在目睹过品牌推出的16岁女孩的外套之后，她们的妈妈为之疯狂，一直要求品牌开发适合年长女性的同款。现在也可以在店中买得到42码的适合中年女性的尺码。

必买单品

所有的裙装都特别迷人，包包的魅力同样难以抗拒！

地址：88, rue Bonaparte, 6ᵉ
电话：+33(0)1 46 34 19 33
地址：12, boulevard des Filles du Calvaire, 11ᵉ
电话：+33(0)1 58 30 90 96

Isabel Marant

题外之语

“她已推出的男士系列：我在其中找到了很多适合我的产品！”

风格

✱ Isabel Marant因民族风格而声名远扬。刺绣衬衫、柔软的长裤、宽松的长裙，身着Marant的服饰让人心情愉悦。她找到了完美贴合巴黎女人气质的风格：高品质感，创意十足，不放置商标，价格适中，而且舒适度不输牛仔裤。一言概之，件件都是畅销款。

必买单品

✱ 推荐本店的必备单品本身是不合理的命题，因为有太多件值得购买。此外，产品每季都在更新。

地址：1, rue Jacob, 6e
电话：+33(0)1 43 26 04 12

Le Bon Marché

> **题外之语**
>
> “我打算向这里的买手岗位投递申请，为了这个岗位，我已经实践了很多年。”

风格

✱ 左岸的所有风格都汇聚于这家走在潮流前端的百货商店。当然，在这里可以找到那些顶尖的奢侈品牌，同时也有独家销售的创意品牌。这里所售商品是经过精挑细选的，非常前卫。只有在此处，你才能找得到在Instragram上发现的品牌。无论美容产品、家装、图书、男装还是童装，所有的商品都代表着最顶尖的潮流。Le Bon Marché是巴黎购物一日游的理想之地。

必买单品

✱ 在Le Bon Marché选购的商品几乎不会出错，因为所有的东西都是经巴黎最专业的买手挑选出来的。

地址：24, rue de Sèvres, 6e
电话：+33(0)1 44 39 80 00

A.P.C.

风格

虽然都是基本款，但都是很经受得起时间考验的经典。V领毛衫、小巧的连衣裙、包包、长裤，每个巴黎女人衣橱都至少有一件来自A.P.C的服装。

必买单品

完美的原色直筒牛仔裤，可以把脚口卷起穿出九分裤效果，或者直接穿着，它是A. P. C的明星单品。

题外之话

“即使是品牌的新款，看上去同样经得起时间的考验，不会过时。”

地址：112, rue Vieille-du-Temple, 3e
电话：+33(0)1 42 78 18 02
地址：35, rue madame, 6e
电话：+33(0)1 70 38 26 69

Eres

泳装

风格

泳衣无疑是最难买的服饰种类。天气不佳的时节在巴黎试泳衣，身上还留有冬天增加的冬膘，这绝对是种折磨。但是在Eres，购物体验不会这么糟糕，因为这里泳衣的材质具有绝佳的包覆性能。这个店最好的地方是什么？当然是产品过硬的质量。十年前我在店中购买的泳衣现在还一直在穿。当然这种经久耐穿也需要一定的“代价”。

题外之话

“它们的莱卡产品系列被称为‘柔软的肌肤’，面料性质如何，不言而喻。”

必买单品

每季都有明星产品，然而必备单品永远都是最适合你的那件。

地址：2, rue Tronchet, 8e
电话：+33(0)1 47 42 28 82
地址：40, avenue Montaigne, 8e
电话：+33(0)1 47 23 07 26

配饰

Herbert Frère Soeur

题外之话

“我不应该透露这个品牌的店址……有可能店里的皮带很快就被抢购一空。”

风格

非常简单的包包，具有原创的波西米亚—摇滚气息，同时款式很经典。品牌的创办历史？一对兄妹传承了他们的父亲位于布列塔尼的皮革工坊，并进行改造重建。

必买单品

Sab系列包包，它推动了品牌的成功。Line系列也非常值得拥有。就像巴黎女人佩戴的皮带，她们从不透露来自哪个品牌，因为她们担心再去购买时，想要的款式全被买走了。

地址：12, rue Jean-Jacques Rousseau, 1er
电话：+33(0)2 99 94 72 21

L'Uniform

配饰

题外之话

“我花了一整天在网站上比较不同颜色的帆布包，最后还是选择了黑色和白色双色配色款。”

风格

✱ 由于设计师Jeanne Signoles秉持的理念，就是按照客户个性需求打造基础款帆布手提包，所以这里推出的正是你所需求的包包。品牌在卡尔卡松镇（Carcassonne）创立，这个时髦的手提包有好几个款式，都可以个性化定制。如果觉得个性化定制的等候时间太长，还可以在几个款式中选择一个，在包上加上自己姓名的首字母。无论哪种方式制作的包包，都是我女儿最爱的礼物。

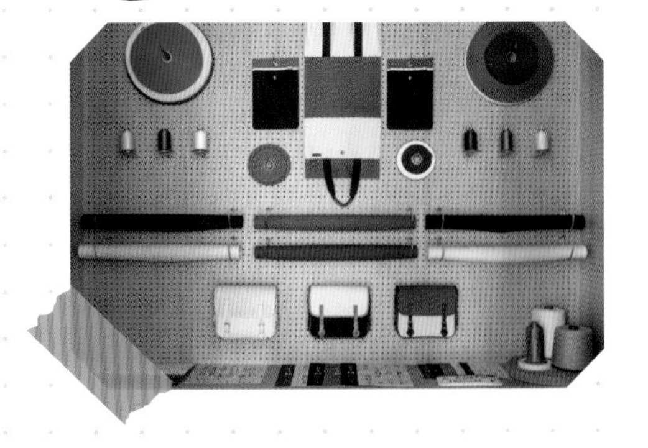

地址：21, quai Malaquais, 6e
电话：+33(0)1 42 61 76 27

必买单品

✱ 小单肩包是所有年龄层顾客的最爱！

Avril Gau

风格

Avril Gau是我相识已久的一位设计师，她的设计才华让我折服。无论是包包、皮鞋、短靴还是小皮革制品，都品质精良。款式简洁的手提包连同带有小兔子装饰的钱包都让人喜爱不已。所有包包的颜色都很有品位。

必买单品

包包款式简约易搭，鞋子也各具特色，真的很难抉择。

题外之话

“我买了双金色的Babies鞋，这是我童年时就渴望拥有的鞋子。不过，我还没有穿过呢，因为至今还没有机会参加一个让它派上用场的闪亮派对。”

地址：17, rue des Quatre-Vents, 6e
电话：+33(0)1 43 29 49 04

Jonathan Optic

风格

我很欣赏店主的观念：眼镜让每个佩戴者的气质得以展现。不像在超市买眼镜时那么随意，这里服务至上，顾客不仅会得到适合自己的选购建议，也会接收到丰富的资讯。眼镜的选购是个复杂的过程，所以最好咨询专业人士。

必买单品

汤姆福特(Tom Ford)、玛士高(Moscot)和巴顿·佩雷拉(Barton Perreira)，都是值得熟知的品牌。

题外之话

“不要再告诉其他人，店主还经营着另一家提供真正复古眼镜框的店铺(店名L'antiquaire de l'optique；地址：80, rue de Charonne, Paris 11e)。”

地址：17, rue des Rosiers, 4e
电话：+33(0)1 48 87 13 33
地址：19, rue de Vignon, 8e
电话：+33(0)1 40 06 97 62

Roger Vivier

风格

这是我的家——甜蜜的家。我在这个由细跟高跟鞋发明者创办的高级时装屋里工作。不过在这里也可以找到经典的方扣芭蕾平底鞋，凯瑟琳·德纳芙（Catherine Deneuve）在电影《白日美人》（*Belle de jour*）中穿着这款鞋展示她的风情。这款鞋非常神奇，不管和牛仔裤或是和裙装搭配都相宜。鞋子上的方扣元素，也出现在我开发的一个包包系列中。如果需要一个小巧闪亮的晚宴包，在这里，定能寻觅到心仪的选择。

必买单品

带方扣的所有配饰，都能打造独特风格。

题外之话

"'穿上梦想中的鞋子即是实现梦想的开端'。这并不是我说的，而是设计师罗杰·维维亚（Roger Vivier）本人！"

地址：29, rue du Faubourg Saint-Honoré, 8e
电话：+33(0)1 53 43 00 85

Liwan

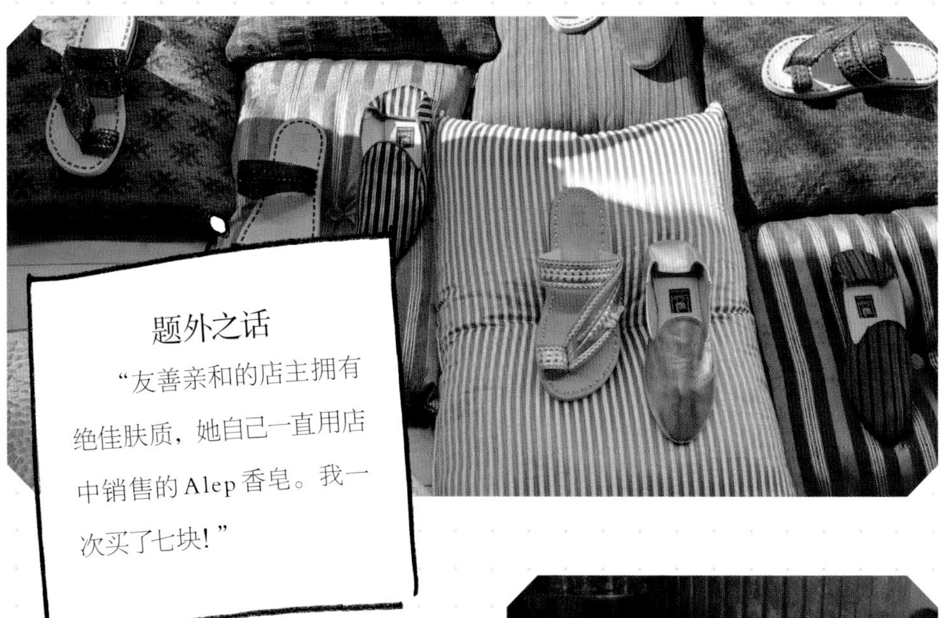

题外之话

“友善亲和的店主拥有绝佳肤质，她自己一直用店中销售的Alep香皂。我一次买了七块！”

风格

* 这家黎巴嫩店铺接待顾客非常热情，让人流连忘返。店里一切都显示绝佳的品位：从宽大的长罩衫、织物到珠宝首饰和家装饰品，任何基调是白色的室内空间都能被赋予独有的灵魂。

必买单品

* 所有色调的皮质凉鞋和皮带。

地址：8, rue Saint-Sulpice, 6e
电话：+33(0)1 43 26 07 40

Jérôme Dreyfuss

风格

Jérôme Dreyfuss的包包不仅柔韧性极强，非常实用，而且廓型比例完美，它是必不可缺的时尚单品。包包的设计有许多精巧的结构，如可以挂钥匙的挂带，还有内置的口袋灯，夜晚时也能找到包底的东西。所有的包包以男性名字命名——让人不禁爱上它!

必买单品

因为每个包都有一个男孩的名字，很容易让人忍不住收集一整套……

题外之话

“你知道很久以前，设计师曾经在Ines de la Fressange的时装屋做过实习生吗?”

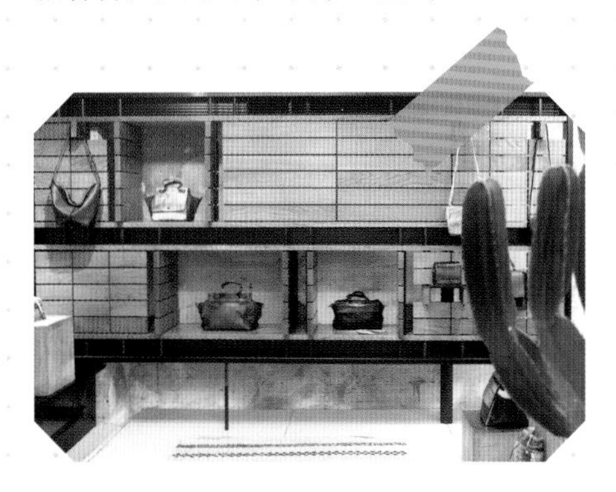

地址：4, rue Jacob, 6^e^
电话：+33(0)1 56 81 85 30
地址：1, rue Jacob, 6^e^
电话：+33(0)1 43 54 70 93

Luj Paris

珠宝

题外之话

“我了解Luj Paris这个品牌已有很长时间。那时，设计师还没有在Instragram上展示她的品牌。”

风格

这个品牌深受巴黎女人的认可。绿松石珍珠冲浪项链是个热销款。这些波西米亚风格的首饰均为手工制作，它们也是时尚杂志封面的“明星”。目前，设计师Julie Parnet还没有她的时尚精品屋，但是有一个珠宝陈列室，顾客可以预约选购。如果没有时间现场选购，也可以在线预订。

必买单品

我很喜欢这个品牌的可以叠戴的手环和项链。

地址：32, rue Notre-Dame-de-Lorette, 9e
电话：+33(0)1 53 20 98 74

Pascale Monvoisin

风格

Pascale设计的首饰系列不仅仅只是简单的首饰，还是护身符和幸运符。甚至有人说它们可以改变命运，但这并不意味着要把Pascale的首饰神圣化。设计师善于把贝壳和金子混搭，创作出形状不规则的项链坠饰。

必买单品

L'Amour系列项链，经常处于售罄状态，所有巴黎女人胸前都佩戴一条。那么该由你选择你的必备款了。

Collier Simone

题外之话

"你知道设计师Pascale曾是长途航班的空乘人员吗？从她设计的珠宝首饰系列可以看出她有过周游世界的经历。"

地址：25, rue de l'Annonciation, 16^{e}
　　　10, rue du Mont Thabr, 1er
电话：+33(0)1 43 72 91 33

Monic

风格

这里的珠宝首饰琳琅满目，品类繁多。店主Monic像位魔法师，她善于修补有些许破损的首饰，经过她改造的首饰，总能焕发新的生命力。我的一些不能再佩戴的破损旧首饰，经她巧手改造成一条项链坠饰。她还曾将我的三枚洗礼金片转化成一条具有简约风的手镯。我的一位朋友，请Monic把前夫赠送的旧首饰，改造成了特别精致的金手镯，她尤为惊喜……

必买单品

那些由你的破损的旧珠宝成功改造的首饰，就是你的必备款。

题外之话

“不要把店址告诉所有人，否则再去改造你的金饰，你将会有等待数周的困扰。”

地址：14, rue de l'Ancienne-Comédie, 6e
电话：+33(0)1 43 25 36 61
地址：5, rue des Francs-Bourgeois, 4e
电话：+33(0)1 42 72 39 15

White Bird

题外之话

“这个戒指吗？我不知道是什么牌子，是别人送我的礼物。但当看到戒指的包装盒标有‘White Bird’时，毫无疑问，我可以确定它肯定很美！。”

Charlotte Chesnais 耳环

风格

✱ 这是一个主打迷人的珠宝首饰的多品牌时尚精品店，无论极简主义风格还是精致繁复设计的珠宝，都是独具创意，且品位非凡。尤其还有我喜爱的标有“Pipa Small”的超大戒指。White Bird 刚在左岸开了第三家分店，太棒了！

必买单品

✱ Charlotte Chesnais 的珠宝，纯净无瑕的典范。

地址：62, rue des Saints-Pères, 7e
电话：+33(0)1 43 22 21 53
地址：38, rue du Mont Thabor, 1er
电话：+33(0)1 58 62 25 86
地址：7, boulevard des Filles-du-Calvaire, 3e
电话：+33(0)1 40 24 27 17

Stone

题外之话

“诚心建议：千万不要让自己的女儿看到从Stone买的首饰，她会悄悄拿走它。再乖的女孩也会这么做。”

Sultane 系列手镯

风格

✱ 如果我的书迷（经济条件较好的）想送我一条精致轻巧的钻石手环，不愿让她有困扰，我会直接建议她去Stone随手买一条就可以。设计师Marie Poniatowski深谙如何让钻石碰撞出十足的魅力。

必买单品

✱ 所有饰有小巧钻石的精美手环，其他首饰也不错。

地址：28, rue du Mont Thabor, 1er
电话：+33(0)1 40 26 72 29
地址：60, rue des Saint-Pères, 7e
电话：+33(0)1 42 22 24 24

JEM

风格

显然珠宝首饰的制作方式与过程也影响了它的鉴赏价值。JEM（品牌名字是Jewellery Ethically Minded首字母组合）是最先强调品牌生产制作过程的道德规范的时尚精品屋之一，并且致力于公平贸易。JEM品牌确保它们采用的黄金来自环保的矿山环境，并且开采规范。除了令人钦佩的品牌哲学理念，JEM还有令人渴望拥有的珠宝首饰。

题外之话

“她的未婚夫送她一枚JEM戒指，他真是一个很用心的男人！”

必买单品

Octogone八边形外观设计的戒指，可以作为订婚戒指。

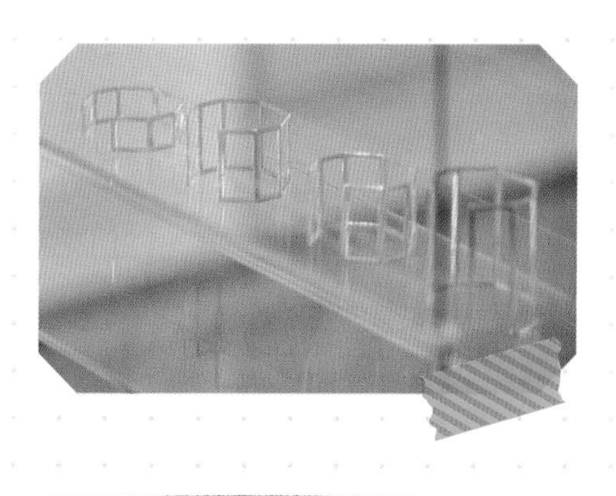

地址：10, rue d'Alger, 1er
电话：+33(0)1 42 33 82 51

Emmanuelle Zysman

风格

✱它是魅力珠宝的精粹。设计师Emmanuelle表明她的设计灵感来源于博物馆以及艺术典籍。每件珠宝散发着丝丝吉普赛风情，仿佛凝聚着一段往事。她也可以按需求个性化定制，以及改造旧珠宝。

必买单品

✱Honey Fullmoon钻石黄金订婚戒指。也有其他种类繁多的小珍宝，均是镀金银质。

题外之话

"这里所有首饰都是巴黎制造。"

地址：81, rue des Martyrs, 18e
电话：+33(0)1 42 52 01 00
地址：33, rue de Grenelle, 7e
电话：+33(0)1 42 22 05 07

Marc Deloche

题外之话

“Marc Deloche有建筑专业背景，从她设计的结构完美的作品中就可以看出来。”

风格

✶ 极简主义。Marc Deloche的简约性让它的珠宝历经时间考验，令人一眼即沉迷。它是如此耀眼，即使是首次佩戴，也仿佛觉得它陪伴我们已久。

必买单品

✶ 品牌最知名的首饰是纯银质的，不过Voltige的黄金手环也非常值得购买。

地址：220–222, rue de Rivoli, 1er
电话：+33(0)1 40 41 99 64

Adelline

题外之话

“让你老公去那购物吧，就算他品位不佳，也不会挑出一件难看的东西。”

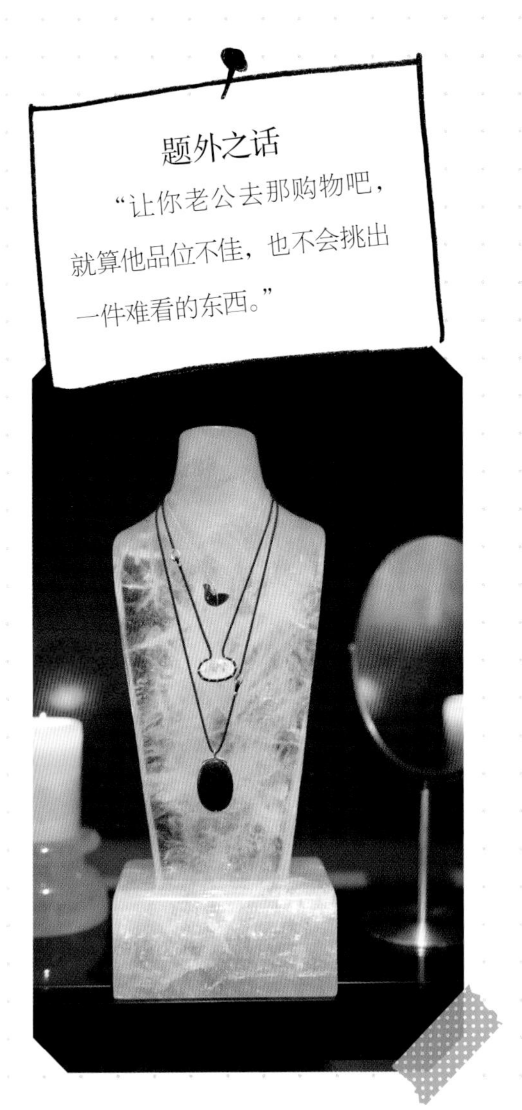

风格

在精品店的展示柜中，Adelline的珠宝首饰简约纯净，令人忍不住收藏整个系列。小巧的无坠款耳环、长款项链、戒指和手镯上的装饰宝石，无不使人沉迷。所有首饰系列自带缕缕印度风［Adelline从印度斋普尔（Jaïpur）的Gem Palace汲取灵感］，似乎每件产品都有一段故事隐藏其中。

必买单品

太难抉择了……宝石戒指之于我像糖果之于儿童一样难以抗拒，令人忍不住收集多款。

地址：54, rue Jacob, 6^{e}
电话：+33(0)1 47 03 07 18

Marie-Hélène de Taillac

风格

✱ 当你进入这家珠宝精品店，经常会听到有人说："我不习惯佩戴贵重的珠宝！"自设计师Marie-Hélène de Taillac于1996年推出第一个作品系列起，她改变了女性佩戴珠宝的观念，她设计的珠宝首饰不属于为了去欣赏歌剧，才从保险箱取出来的贵重华美的传统设计，而是令人每天都离不开的配饰。这些镶嵌着贵重的宝石或者次宝石的首饰，设计简约且极其精致，散发着印度风气息。通常，Marie-Hélène de Taillac是在印度斋普尔创作这些"奢华的波西米亚风"珍宝，她用色彩斑斓的宝石制作，给人带来幸福感。什么是品牌的最红作品？Marie-Hélène de Taillac设计的三件珠宝首饰被收入巴黎装饰艺术博物馆的永久藏品系列。时尚的巅峰！

题外之话

"购买MHT的首饰就像吃糖一样，一旦开始，很难止住。"

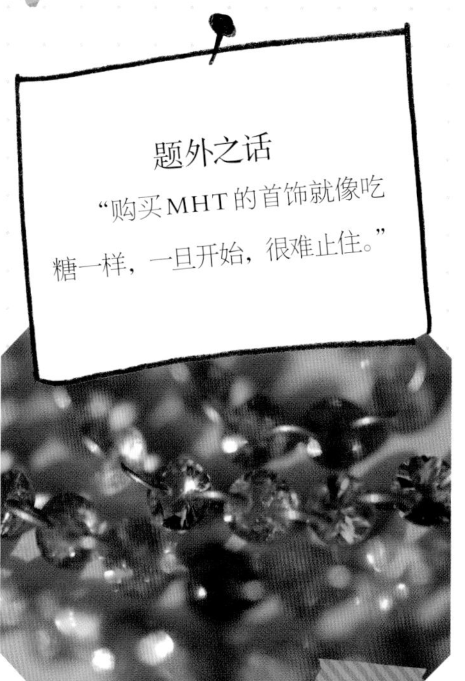

必买单品

✱ 任何一枚MHT的镶嵌有彩色宝石的戒指都让人垂涎不已。

地址：8, rue de Tournon, 6e
电话：+33(0)1 44 27 07 07

线上购物

巴黎女人总能找到一种快速购物的方法，午餐间隙或者睡前时间，都可以利用起来。她身着睡衣，可以在电脑前花上几个小时，手持鼠标不停点击服饰链接。24小时不打烊的店铺，一周无休，这就是巴黎女人的幸福所在!

全球购物

巴黎女人也喜欢侦查国外的时尚信息。她们不需要到纽约、洛杉矶、伦敦和米兰，足不出户就可以发掘这些城市里独有，但在巴黎找不到的品牌。这些品牌在这本书中也有提到，以下是我网上购买必备款时最爱逛的网店。

nomadicstateofmind

* 这个网店可以购买Mountain Momma的手工绳编凉鞋，都是由来自公平贸易和生产制作过程环保的绳子制成。与简单朴素的服装搭配，舒适感极佳。不过我要提醒一点：你的伴侣可能并不喜欢你这么穿。

jamesperse

这里有你想象不到的手感柔软至极，非常舒适、宜穿的T恤，剪裁也很不错。产品的颜色经典且完美（灰色、藏青色、白色以及黑色均有三个色调）。T恤是由斜裁缝制，柔顺贴身。虽然价格偏高，但是物有所值！

pantherella

我的羊绒袜子在这里购买，它是我每日的小欣喜，我常买黑色和藏青色羊绒袜。这个英国品牌于1937年成立，所有产品都是在莱斯特（Leicester）的工厂制造。

lauraurbinati

这个牌子的泳装塑型效果极佳。在米兰的实体店和品牌的网上店铺都可以买得到。

thewebster

自从美丽的法国女郎Laure Hériard-Dubreuil在迈阿密（Miami）创办她的多品牌商店，已有十多年。随后，她又在美国开设了多家分店，最近开设的店铺在纽约。她的选品特别时髦活泼，她会发掘那些我们在别处找不到的服饰。

时尚公告

你也会像我一样，在网上花费好几个小时，只为搜索一套海滩装扮，但是仍然毫无头绪吗？我终于发现了一个可以替我节省搜寻时间的网站，尽管浏览网页挑选心仪单品仍会占用大量时间。它是一个聚焦时尚品牌的搜索引擎，分门别类地收录了1000个在线店铺。现在起你再也不会抱怨："我在网上找了好久，根本找不到想要的东西！"

savekhaki

Save Khaki United是一个纽约品牌，聚焦于军装风格的服饰设计，品质惊人。服饰产品的每个配件都产自美国。

mytheresa

总部位于伦敦的net-a-porter网站和matchesfashion网站已广为人知。而来自德国慕尼黑的Mytheresa网站，同样是个时髦网站，还提供绝佳的独家单品。绝不是因为它的网站上能找到Roger Vivier的商品，我才这么说！更何况，下单后商品发货速度特别快！

法国万岁！

我喜欢那些不是处处可见的小众品牌。其中有一些连店面都没有几个，所以只能带着鼠标，开始填装你的网上购物车。

delphineetvictor

✱ 夏季永远都不会嫌凉鞋多（在行李箱中占用的空间也不大）。Delphine & Victor的凉鞋是由希腊手工艺人，采用环保的材料，纯手工制作。此外，它们的款式还特别漂亮（试试Appolline系列）。放心，我仍是Rondini的忠实粉，它的简约风格极具魅力。这里还想提一下K Jacques，它令我的一些朋友着迷。

charlottechesnais

✱ 这里的首饰正是我们当下所期待的现代风格，极简但又总会给人带来惊喜。设计师采用镀金、镀银和其他更贵重的材质制作首饰，她还没有自己的线下店铺，不过可以通过网址购买她这些精美的作品。

celinelefebure

✱ Céline Lefébure所设计的完全是我们寻找的那种既简约实用又漂亮的包包，而且不会过时。

rivedroite-paris

✱ 全球面临着每年丢弃1300万吨的纺织产品，只有200万吨能被回收利用，Rive Droite因此而诞生。再生棉、再生牛仔布余料，库存面料，都可以作为Rive Droite的包包取材来源，环保又时尚。

jacquemus

✱ 这是一位才华横溢的年轻设计师创立的品牌。此外，甚至不用我在书中宣传，他的作品是许多时尚精品店中最为畅销的商品。他的在线购物网站为那些不便于去线下店铺购买的人提供了一个便捷途径。

elietop

✱ 我超爱Elie创意十足的珠宝首饰，像带有神秘气息的护身符。虽然没有开设线上店铺，不过可以和品牌预约，去他位于巴黎的展示厅选购（地址：217, rue Saint-Honoré）。

INS风格

是的，我也会花些精力去刷Instagram。就像你会读这本书找灵感，我也喜欢到处研究搭配的灵感。这里列出几条Instagram账号，让你及时接触到最新时尚资讯。

@street_style_corner

→从这个有关街头时尚的网站上，可以快速获悉米色长裤和白T恤搭配，外加一件黑色休闲西服外套，这样的打扮绝对不会出错。

@tommyton

→一个专业的街头时尚摄影师，总是在时装秀场外捕捉一些出彩的个人造型。

@styleandthebeach

→帮助我们理解极简主义的精髓。

@stylesightworldwide

→秀场外时尚女孩的穿搭照片，直击当下街头正流行的风格。

线上购物小诀窍

巴黎女人喜爱发掘经济实惠的购物渠道，以下是她们爱逛的网站。

theoutnet

* 这是一个很受女孩欢迎的网站，当她们想要为参加的种种活动准备一件品牌的裙装又不愿倾尽私房钱时，她们会来这里寻宝。这里有350多个奢侈品牌的打折款，折扣力度最高达到75%。很显然，以这样的折扣力度，不可能买到当季的最新款。但我们不可不知，时尚已不再按“当季”论流行了吧？

vestiairecollective

* 购买或者出售二手衣物，是巴黎女人新的时尚态度。在Vestiaire Collective上，可以用极具诱惑力的价格买到那些我们梦寐以求的品牌。

collectorsquare

* 正如Vestiaire Collective一样，这个网站上（在巴黎还有一家实体店，地址：36, boulevard Raspail, 7e）的奢侈品焕发了第二春。这里专营珠宝首饰、手表和包包。可以用非常低的折扣价买到一只你渴望已久的手表。

第二部分

从头到脚
巴黎风

理性保养

巴黎女人喜欢谈论保养心得，却不会在浴室耗费好几个小时。她不热衷过度敷面膜和涂抹大量的护肤霜，而是遵循以下12条美丽常识，坚持理性保养皮肤。

① 白天巴黎女人会在包包里放置粉饼，随身携带，以便补妆润色。然而，她有时也会忘了这个救急措施。到了晚间，能意识到肌肤透露出疲意也不是坏事，这是身体发出的警钟，督促我们该进入睡眠了。

② 护肤至关重要的原则？必须卸妆！即使我们从来不化妆，也要做好面部清洁。绝对不要带妆睡觉，这是护肤大忌！

③ 不要在脸上用肥皂，也不要用太多化妆水。最好用卸妆乳和洁面乳。常年践行这个建议的人可以给出最好的证明，她们的肌肤更少受干燥缺水的困扰。

④ 没有什么比晚上外出前浓妆打扮更糟糕。这种做法已老旧过时！最好早晨上妆，晚间仍保持自然清爽的状态——这样看上去更美丽有活力！

⑤ 20多岁的巴黎女人会用放大镜仔细检查她的脸蛋。而过了50岁，绝对不会这么做。确保皮肤有个良好的状态更重要，整体是否仍有活力感，这点非常重要……

⑥ 不要用粉色的唇彩。通透光泽的唇彩永远是效果更好的选择。

⑦ 无疑一些洗发水的效果会比其他的好，然而吹干头发的方式和饮食结构比什么都重要……糟糕，再也没有美容产品商家找我做推广宣传了！

8 不要在美容上花费太多钱，最好的美容专家是牙医。一个迷人的笑容和一口漂亮的牙齿，让人忽略所有其他的面部细节。

9 不要到美容机构做脸部清洁，太损伤肤质。更好的美容护肤方式是和未婚夫一起散步……到蒂凡尼（店里风不大，对皮肤特别好）。

10 每天都给自己化个妆，周末也不例外。居家与家人一起，不是我们可以懈怠、不修饰自己的理由。

11 有些巴黎女人没做彩色的美甲就无法出门，但是我认为没有什么比涂上透明指甲油更时髦的了。

思考

自然不矫揉的美丽与年龄无关，是可以通过学习做到的。

我从来不去美容院，我更喜欢待在家中冥想十分钟，而且不会堵车……我们留给自己的闲暇时间总是很少，所以才会喜欢去做SPA放松一下。如果在家躺半个小时，什么也不做，效果也会很好。生活中，要学会放缓步调。

3个美丽小窍门

→ 用纸巾固定唇妆。

→ 先用水打湿卸妆棉，然后再用眼部卸妆液清洗眼睛。

→ 花些时间彻底冲洗头发。

12 千万不要忘记擦护手霜，双手的保养和面部一样重要。以前我从来不擦，但是自从我迷上了香奈儿护手霜的包装后，一直把它摆设在床头柜上，这样睡前就会想起要涂抹一下。这么做总不会有错！

美的代价

我常常会看包装决定是否购买面霜。我喜欢每天使用的日用品看起来赏心悦目。我从来不买包装不够美丽的化妆品。我喜欢浴室里摆置着漂亮的瓶瓶罐罐，它们不仅可以装扮我的洗漱空间，还可以营造愉悦的氛围。

清空所有，只有这些是需要保留的：

娇兰（Guerlain）古铜系列（Terracotta）保湿滋润粉饼

→想要拥有好气色，没有比它更有效、好用的产品了。若有朋友来取经，我会说："我没有去巴哈马海滩晒日光浴，我去了娇兰！"

伊丽莎白·雅顿（Elizabeth Arden）八小时润泽霜

→在时装秀后台流传的传奇护肤品。

娇兰（Guerlain）睫毛膏

→没刷睫毛膏，我的眼睛会无神得像死鱼眼。睫毛膏产品外形就像微型雕塑作品。我在办公室和家中各备一支。只刷上睫毛，下睫毛也刷会显得更严肃。

必不可少之物——牙刷

这很显然，牙齿护理多么重要。然而我还是惊讶地看到不少人一口黄牙。牙膏是也是美容产品！

露得清（Neutrogena）身体润肤油

→它可以立即渗透肌肤，不会让肌肤有油腻感。显然，它让肌肤柔软丝滑，使用后的效果就是最好的证明。

香奈儿（Chanel）唇釉

→比口红更清爽。

迪奥（Dior）杏桃精华指甲滋养霜

→每晚睡前我都会使用，指甲特别滋润，甚至可以取代专业的指甲护理！

芦丹氏（Serge Lutens）眼影

→外包装非常漂亮，质地细腻柔滑，尤为贴肤。

香奈儿（Chanel）粉饼

→放一盒在包包里，保持均匀的肤色很重要，大多数女人都需要它。没有粉底，何谈整体的妆容！

思考

轻微淡妆就能让人容光焕发！

我的十分钟美丽惯例

* 将摩丝抹在已打湿的头发上打造丰盈感。或者用从超市里就能买到的蓬松水也可以。

* 出门前必须涂抹日霜！我的日霜都是在药妆店购买，经常更换不同品牌产品使用。小心，擦抹的量不要太多，和朋友贴面礼时千万不能有黏着感。

* 涂粉底液（时间紧迫时，按压式瓶装比较实用）。我的粉底放在了包包里，白天方便补妆。

* 注意，不要用粉扑蘸取粉饼上妆，要用手。就像用手涂抹面霜一样，这样妆面更自然。

* 没时间用眼部遮瑕膏！

* 睫毛膏只涂上睫毛，可避免白天眼睛下晕染一片。

* 如果时间充足，我会用黑色眼线笔晕在睫毛根部。

思考

配齐三个化妆包，一个放在家中，一个放在包包里随身携带，一个放在办公室（尽管我白天经常忘了补妆）。我发现除纸巾外，梅森·皮尔森（Mason Pearson）的紧凑发梳以及一支透明唇蜜，外出时几乎不会多带其他东西。

*

定期更换化妆品，不必一直留着那只再也不用的玫红色口红，化妆包也不必非要和专业化妆师的匹敌。

* 用大刷子上修容粉。

* 用小刷子涂哑光眼影。我更适合咖色调，不过每个人都有自己的偏好。有一点可以保证：眼影色调越自然，眼妆的效果也越自然……

香水的选择

每隔十年，我都会更换香水。我不喜欢当下的香水，太浓烈。我偏爱老式香水，如香奈儿1924年推出的俄罗斯皮革（Cuir de Russie），娇兰1919年推出的蝴蝶夫人（Mitsouko），我天天都会用。我不喜欢闻起来有着特定气味的香水，如类似巧克力气息，棉花糖味道，或者柑橘的香气……不过我喜欢让人联想起琥珀、檀香或者新鲜玫瑰等糅杂的混合香调。

购买香水时，要在自己的皮肤上试香，不要用试香的纸条。

不要把香水视为流行的服饰。选择香水要确保与自身的个性和气质相符。无论如何，巴黎女人总是背离当下正流行的香水的轨道，她喜欢沉浸在一种她愿意为之寻遍巴黎也难觅其踪的香氛中。

绝对不能过量使用香水，过分强烈气味让身边的朋友头疼。身体最佳的喷洒点，颈部、手腕。如果还想增加用香点，脚踝、膝盖后方也可以。

四个美丽秘诀

→**增加秀发光泽度。**将三大汤匙白醋加入一碗水中稀释，用洗发水洗发后，把稀释后的白醋抹在湿发上，头发会在灯光下闪闪发亮。

→**饮用加上姜汁的胡萝卜汁**（味道不错，它能使你快乐，让你美丽）。

→**在牙齿上使用菌斑指示剂**（药店有售），让牙齿洁白闪亮。

→**我的烈阳下的妆容。**白天全面的防晒必不可少，配合使用雅漾（Avène）的阳光修容粉饼。晚间，则用校色乳［可以用泰芮（BY TERRY）的brightening CC serum光泽妆前乳］和香奈儿（Chanel）的透明唇釉。我喜欢轻盈的妆感和健康的肤色，偶尔也会用上一点深色眼影，表明："我也很懂得斋普尔（Jaïpur）的流行妆容！"

永葆青春

我人生的绝对榜样是歌手胡里奥·伊格莱西亚斯（Julio Iglesias）。曾经有人问他是否担心会老去，他答道："我已经老了……"当人们20岁时，反而比50岁更害怕皱纹。

→我不在意皱纹有多少，我离镜子远远的，这样就不会自添烦扰。等到肉毒杆菌的效果让我满意的时候，我会考虑尝试一下。然而迄今为止，我发现效果很糟糕。而且，变老也有变老的收获：我们熟知出门如何精简行李箱，无需带上四个，打包一个就足够。我们珍惜当下的时光。我们懂得聆听他人。我们以相对的视角看问题。这样并不意味着我们要放弃美丽，这里分享一些我的几条驻颜"小妙方"。

思考

若要青春永驻，需要一点轻狂。

为了延长美丽的保质期，需要：

- 认真修饰、打理自己。
- 气息宜人。
- 拥有一口洁白闪亮的牙齿。定期洗牙（每半年一次）。
- 微笑。
- 宽容一点。
- 从容潇洒，忘掉年龄。
- 待人随和。
- 不要太自私。
- 保持对一个男人，一项计划，一个房子的热情。效果可以媲美美容项目（面部提拉术）。
- 做让你愉悦的事情，能带来内心的平静。
- 创建社交账户，永远和青春连线。
- 控制糖分摄入，过多的糖片摄入有害心血管健康。
- 生活失意时从容，得意时尽欢。

也需要：

- 做好肌肤保湿。
- 涂好睫毛膏即可，忽略掉眼线吧。
- 使用比固有肤色稍浅些的粉底，增加面部柔和的美感，并弱化阴影区域。
- 选择具有光泽感的口红，或者使用唇蜜。
- 指甲修短，不要频繁更换美甲。

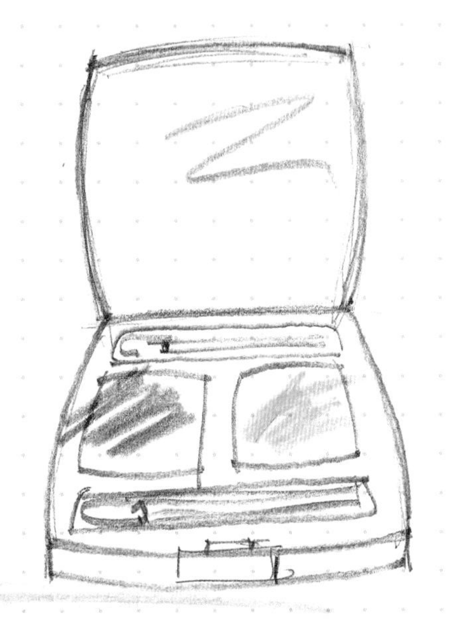

思考

宁可花一个小时睡觉或者与爱人亲密相处，也不要去皮肤科医生那注射肉毒杆菌。

50岁之后的完美妆容

→ 如果化了眼妆，皮肤就要保持轻盈白净。

→ 不要让皮肤有发光感，也不能因此涂抹太多的粉，看起来像用了整盒的量。

→ 如果不强调眼妆，就用古铜色化妆品修饰肤色。

如若不想增龄10岁，定要避免的事

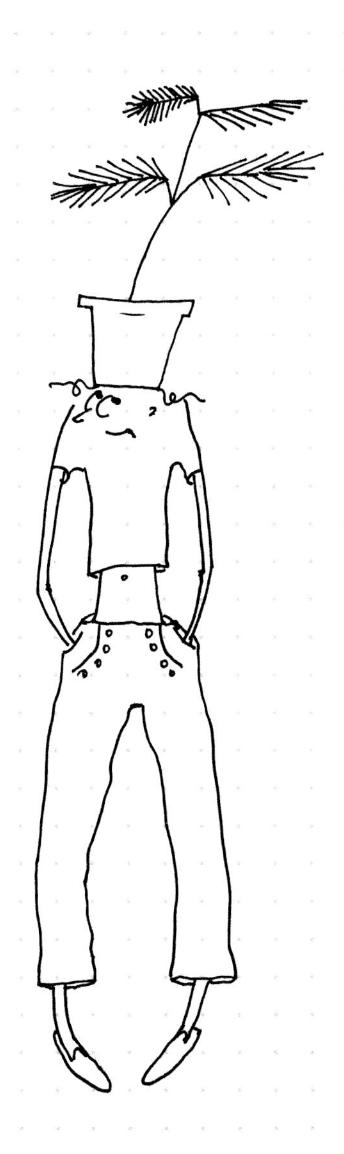

- 打底霜涂满整脸，尤其是色调偏暗的底妆，这是明晃晃的表示“我是人工日光浴晒黑服务的会员”。

- 使用太多珠光眼影，让眼角周围也闪闪发光。

- 任由眉毛蓬乱生长，不整理眉形。

- 粉底太厚。

- 在双颊下方凹陷处涂抹棕色腮红。

- 用唇笔勾出唇形。

- 用珠光橘红色口红上唇妆或者用沉闷暗淡的裸色。

……这些都做了，你肯定会看起来比实际年龄老10岁！

靓丽发型日

我真正执着的地方是我的头发。巴黎女人貌似不在乎头发怎么样——然而这是个假象。她们其实会花上数小时仔细选择洗发水和护发用品。我思索了很久这个问题，我要告诉大家我的护发小诀窍。

如何促进秀发生长?

现在，我只想我的头发快些生长，因为它们太参差不齐。头发经受过太多的热烫卷，过热的吹整以及定型产品的摧残。我想要简单易打理的波波头。浏览了所有You Tube上的教程之后，我甚至可以写出一篇关于护发的论文了。以下是我的黄金法则:

首先，要打好根基。就像要想让植物生长，首先得拥有优质土壤。因此，我们需要用磨砂膏来去除头皮污垢、硅油等一切堵塞头皮的东西。我建议使用Christophe Robin的海盐头部磨砂膏（Scrub Lavant Purifiant au sel marin），比很多You Tube博主建议的食用盐更好用，且适合头皮。

减少洗发的频率，或者用枣树粉（一种在“天堂”可以找到的树，也称为SIDR），可以在绿色有机食品商店买得到。需要把它和油在小碗中充分搅匀混合，做成发膜，抹在头发上之后保持半小时。

听取祖母的良方，用醋洗发。我的多次试验表明苹果醋的效果是最佳的。它可以减少水垢并让发质有光泽。孩童时期，家中保姆用醋这样给我洗过头发，效果很不错。我看过一些教程，要大家在醋中加入蒜、洋葱或是生姜粉，但是没有提醒是否在采用这样的配方期间应该签下“单身协议”，以免影响伴侣……

✱厨房满是美容佳品，蜂蜜显然益处良多，它和椰子油混合的配方，可以帮助促使头发每月多增长1厘米。

✱厨房里可以用的还有芥末油，可以促进血液循环，进而促使头发的生长。有这种功能的神奇良方还有蓖麻油。它非常浓稠，不似其他种类油的液体状态，但是可以和其他油混合。这些有助头发生长的奇迹配方对睫毛增长同样有效，但是需要蘸在棉签上涂抹，我还是用睫毛膏更顺手些。

✱不要用吹风机吹干头发，用超细纤维毛巾。注意，头发还湿着时别梳发。

✱最完美的整理定型方法？在头发还是微湿的状态固定发卷，使用定型水或者丰盈喷雾（Christophe Robin的玫瑰丰盈喷雾），包上头巾。然后可以边刷Instagram，付几个账单，在Amazon上下单买些东西……时间到了，即可以取下发卷，十指抓抓头发，发型打造成功。

思考

不管在海滩晒太阳浴还是在泳池里游泳，都要使用精油保护秀发，就像呵护肌肤一样。

保持头发长度的秘诀

→不要修剪它。为了避免忍不住修剪发尾，使用角蛋白护发素就可以了。

最好的发梳

→用野猪毛制成的梳子是最好的发梳，全球顶级美发师和我确认过。对于长发，不要忘了每日都要梳理，可以让皮脂沿着发根包裹到发尾（是的，油脂在某些情况下也是对头发有益的）。

适合的发型

→怎样的发型适合自己，这是一个让人费尽脑筋的问题。当下波波头最适合我（不过我还需要再留长一点）。其实，应该多尝试各种发型，因为头发总会长回来的。就像穿衣打扮的潮流一样，偶尔改变风格造型仿佛也给人带来了新的生机。

美妆误区

与时尚潮流一样，我们也会被美妆潮流影响，走入误区。这和潮流无关，而是脸部的协调感。虽然在秀场，模特们敢于戴着蓝色的假睫毛，画着裸妆眉毛或者金属感腮红。而我们是在真实的世界，没有被闪光灯和摄影师环绕，我们不能这么毫无顾忌，即使你是超级模特……那么怎样才能避免成为美妆潮流的受害者呢？

✱ **腮红横涂在脸颊上，像军人脸上的军用油彩。**战争已经不存在啦。

✱ **珠光、闪光和亮片彩妆。**在T台之外，脱离杂志妆容内页，就很离谱了。

✱ **和着装相衬的妆容，**显得用力和思考过度，其实根本不必如此……最好相信自己的肤色，妆容与肤色、眼睛颜色和发色协调。

✱ **太多的遮瑕膏+过厚的粉底，妆容像泥土一样。**

✱ **粉底上得太仓促，忽略了发际线区域。**看起来像戴了一张面具，很快就会被曝光！

✱ **眉毛被拔得太多。**然后用眉笔描画缺少的眉毛……这真不是一个好的做法！

✱ **浓重的眼线让你看起来像小浣熊。**

✱ **拙劣的烟熏妆会让眼睛像熊猫一样，**如果没能掌握技巧，最好别化烟熏妆。

✱ **用唇线笔描绘唇形。**效果总是令人不太满意，尤其是当唇线笔的颜色比口红的颜色暗时。

✱ **留有腋毛。**巴黎女人为“脱毛”留有充足的预算，因为她们通常喜欢腋下清清爽爽的。

✱ **蓝色调眼影。**如果想拥有自然的妆容效果，这并不是正确的方向！

✱ **闪光眼影。**即使是最年轻的肌肤也难以承受！

✱ **下睫毛也刷睫毛膏。**让眼神变得严肃，并且突显黑眼圈。

✱ **唇釉涂抹太厚。**看上去黏黏的嘴唇，不太得体。

✱ **紫色系眼妆产品。**不管是眼影还是睫毛膏，都不适合。

✱ **彩绘美甲……**对于我而言，即使是做得再精美，也显得很蠢。就像50岁了还用卡通形象的包一样。

美妆热店

咨询好渠道

我的好朋友Dominique Lionnet，她对于香水和美妆产品无所不知。她曾长期运营杂志*Votre Beauté*，是这个领域里真正的行家，我很信服她的眼光，一直采纳她的建议。在Instagram（账号dom_beautytalks）上，她一直定期推荐美妆好物。这个账号绝对是一个藏有美妆秘密和值得探索的美妆产品的宝库！

香水

我最近和调香师一起，为Ines de la Fressange Paris开发了两款香水（“Blanc Chic”和“Or Choc”）。尽管多年来我一直用同样的香水，调香的过程仍然开启了我对于全新风格的香氛鉴赏的“眼界”（嗅觉……），这让我很有可能对原来钟爱的香水不再忠诚。

Sous le Parasol

* 这个老式的小精品店自1936年就存在了。母公司位于勃艮第（Bourgogne），以手工方式制作古龙水。祖父创立了这个小品牌，之后由儿子接管了香水的生产制作。如今，是孙女经营着这个店铺。香水的瓶子似古龙水一样纯净。仅“Lotion des Tsars”这款产品就值得我们绕道而寻香。

地址：75, boulevard de Sébastopol, 2e
电话：+33(0)1 42 36 74 95

Atelier Cologne

这里是古龙水痴迷者的圣殿，这个由Christophe Cervasel 和Sylvie Ganter创办的品牌与许多位于法国香水之都格拉斯（Grasse）的大型香水企业都有合作。“Orange sanguine”“Grand Néroli”和“Vanille insensée”这三款香水全都获得过美容大奖。店里的香氛蜡烛香气袭人，让人难以抗拒。

地址：8, rue Saint-Florentin, 1er
电话：+33(0)1 42 60 00 31

Le Labo

✱ 我特别关注产品的包装外观。Labo香皂用手工纸包装。我很喜欢它们的香味（玫瑰、檀香、佛手柑或橙花香），这个品牌同样也以香水而闻名，因为香水是根据客户个体的需求在店里当场定制的。

地址：6, rue de Bourbon-le-Château, 6e
电话：+33(0)1 43 25 93 62

Oriza L. Legrand

✱ 真正让我心动的品牌！我疑惑为什么没有早点发现这家店。毕竟它的创建历史可以追溯到1720年。在路易十五统治时期，它正式成为法国宫廷的御用供应商，它的香水也遍及意大利、俄国及英国宫廷。这是它的品质最好的证明！它的产品品质卓越，唯一位于巴黎的店铺极具魅力。店内的一切都很精致美好：令人惊叹的包装设计，诗意的产品名称，沁人心脾的独创香氛产品。香水、古龙水、浴盐、室内香氛、香薰蜡烛，甚至连盥洗香醋（vinaigre de toilette）都有售。一进入店铺仿佛置身于一个博物馆，因为店内收藏众多“史料”（古老的香水瓶、独一无二的插画、创意十足的物品……）。此外，店内的销售人员特别友善可亲，对品牌的产品如数家珍。我已经很久都没有对一个店铺有如此的热情了！

地址：18, rue Saint-Augustin, 2e
电话：+33(0)1 71 93 02 34

BEAUTY MADE IN FRANCE

我有许多事业经营得很出色的朋友。例如Lilou Fogli，她身兼数职（主要是演员和编剧），同时还与她的母亲和姐姐一起创立了一个主营化妆品和香水的品牌Château Berger。产品在法国制造，沾染着法国南部阳光的气息（品牌总部在马赛）。虽然没有那么广为人知，但它的名为“L'Émotion”的香水，就很值得尝试。它现已成为我众多朋友的一款必备香水。

Guerlain

它是一个传奇品牌！Guerlain（娇兰）是法国本土制造的高端香水的象征。这里有让人膜拜的经典香水［Mitsouko（蝴蝶夫人），Shalimar（一千零一夜），Habit Rouge（满堂红），Vétiver（伟之华）］，La Parisienne（巴黎女人）香水系列，以及品牌经典珍藏香水的再发行版。更不用说大名鼎鼎的Terracotta古铜蜜粉，它让远离阳光，久坐办公室的巴黎女人们也能拥有古铜色的肤质。

地址：68, avenue des Champs-Élysées, 8e
电话：+33(0)1 45 62 52 57

Serge Lutens

这是一个高雅之地。Serge Lutens的香水全都极富个性。夏季，我喜欢用香味直接、浓烈的Ambre Sultan。这里还是一个挑选礼物的绝佳之地，因为可以在精美的香水瓶身上刻上姓名的缩写。快来试试吧，迷你版可爱小口红，特别方便放包里随身携带。

地址：Jardin du Palais Royal, 142, galerie de Valois, 1er
电话：+33(0)1 49 27 09 09

Nose

它被定位为顶级药妆店。踏进店里，我立即发现这个超棒的地方，满是香味迷人的香水品牌：像Frédéric Malle、Francis Kurkdjian、Carthusia［14世纪创办于Capri（卡普里）的品牌］、Comme des Garçons、Naomi Goodsir、Penhaligon's…… 不过店铺的创意之处在于它的概念——借助于问卷方式（您喜欢哪些香型，或您喜欢用哪款香水），导购接着提供一系列的当下流行香水产品让你选择。特别有效！

地址：20, rue Bachaumont, 2e
电话：+33(0)1 40 26 46 03

头发

头发是我的执着之处。我总会去一个固定的发型师或者染发师那儿，因为我觉得一个好的美发造型，首先要发型和颜色适合自己。如果一个染发师竭力推荐我染金色，我会怀疑他不是出于专业目的。

Salon Christophe Robin

Christophe Robin是巴黎最好的染发师之一。他的美发沙龙气氛温馨，且私密性很好。Christophe为每个顾客寻求最佳色调，而不是让每个人都染成一样的发色。最终目的是以发色更好地衬托肤色。他的产品很让我着迷：含有枣树皮萃取精华的净化洗发水，可用于两种发色间不协调部分轻微修饰的临时染发凝胶。

地址：16, rue Bachaumont, 2ᵉ
电话：+33(0)1 40 20 02 83

Delphine Courteille

这是我的御用发型师——一位真正的美发专家，在摄影工作室里和秀场后台尽情释放她的创造力，执掌所有的发型设计。她不断取得成功，另外她搬到了一处更大的美发沙龙。她拥有业界著名的“魔力双手”：即便最细软的头发，经过Delphine的刀锋修剪，也能被打造成丰盈感发型。我认为她被授予国家勋章确实是实至名归。

地址：28, rue du Mont-Thabor, 1er
电话：+33(0)1 47 03 35 35

David Lucas

David打造的发型总能满足顾客的预期效果，他以此取得巨大成功。对于一个才华横溢的发型师，这样出众的表现，本可以让他以明星一样自居。他组建了一支高素质团队，不会让任何有临时约会的顾客陷入造型不佳的困境之中（若想要David亲自操刀，需要早早地预约）。在他的沙龙里，也可以找到他开发的角蛋白产品，同样也有他设计的发饰。这位大师在波尔多（Bordeaux）的瑰丽酒店（l'hôtel de Crillon）和位于皮拉（Pyla）的豪华的哈伊察Ha（a）ïtza酒店都有分店。巴黎女人把这里当成了度假胜地，以确保某次能与David相遇。

地址：20, rue Danielle Casanova, 2ᵉ
电话：+33(0)1 47 03 92 04

Institut Leonor Greyl

秀发的专享SPA？我的梦想成真了！这里有抗衰老、抗脱发和染发护色疗程。在评估发质状况之后，会有专人给你采用专属护理方案。泥敷和按摩之后，这里的护理让你的头发焕然一新，当然是更美！

地址：15, rue Tronchet, 8ᵉ
电话：+33(0)1 42 65 32 26

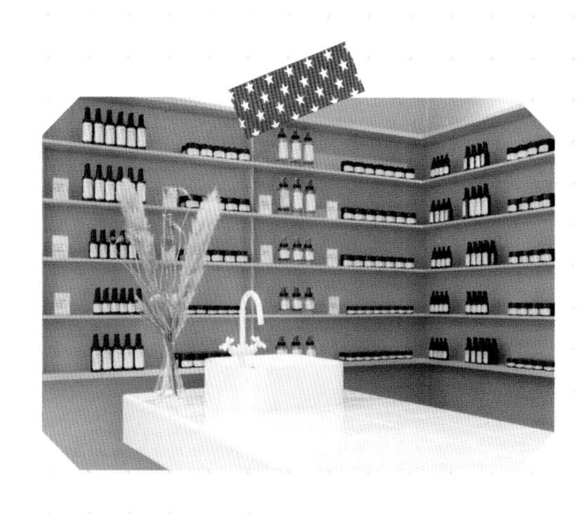

Laboté

✱这里为顾客量身定制植物护理，是21世纪真正的美容手段。只需要先回答一份问卷，药妆店的药剂师尽心调制个性化的护理疗程，所用产品都是基于药用植物。如果不住在巴黎，线上也可以完成。真的很棒！

地址：11, rue Madame, Paris 6ᵉ
电话：+33(0)1 45 48 97 48

美妆品

Buly 1803

✱这个老字号品牌被艺术总监Ramdane Touhami和他的妻子Victoire de Taillac收购，没过多久就成了巴黎女人必须拥有的品牌。我们一直知道这个牌子，尽管它也经历过长久的沉寂时期。店内连陶瓷地砖都显得很有年代感。所有的美容产品（乳霜、油、香水、香皂等）或是 Buly 1803 自产的焚香都令使用的人称赞不已。我也很喜欢这个地方，但是我来此是为了购买日本的化妆刷。要想显得自己是个内行人，就要这么说：“调香师Jean-Vincent Buly激发了巴尔扎克的灵感，创作出《人间喜剧》。”

地址：6, rue Bonaparte, 6ᵉ
电话：+33(0)1 43 29 02 50

第三部分

巴黎女人的家

巴黎女人居家装饰

怎样打造一个装饰具有品位的房子？需要坚持一个主题，可以围绕色彩、类型、特定时代……来进行。剪下杂志内精选的照片，或者浏览Pinterest（照片分享网站）来构建你自己的流行手册，都有助于激发自己的装饰灵感。

我喜欢家中的装饰经常更换。女儿们出生时我们住的那套公寓风格更传统些，到处摆设着小装饰品。接着我搬了家，新住处被我装修成极简主义的设计风格。接下来的几年，我住在一个带有花园的独栋房子里，那儿很有家庭膳宿公寓的氛围。当下，我住在一个仿佛艺术家工作室的房子里，位于蒙帕纳斯，这里的氛围让我想象着意大利画家莫迪里阿尼（Modigliani）和日裔法国画家藤田嗣治（Tsugouharu Foujita）也可能曾经在这里居住过。我决定室内装饰的重点放在浅色系墙体和有年代感的家具上。定期更换家具是个好方法，这可以称为“装饰的整容术”。没有什么事比见证着周围的家具和自己一起老去更让人沮丧！当然，没有必要全部都换新对房子进行大改造，几个小妙招就能达到效果。

考虑白色

→尽管我大胆地将自己办公室的墙粉刷成亮粉色（让整个空间光线明亮，让所有置身其中的人气色宜人），但是对小面积的公寓，我还是推荐白色。一般来说，如果在两种颜色之间犹豫不决，那么选择白色最好。要想让小公寓带点阁楼式风格，就把色彩的配置放在首位，选用一系列如灰色、米色、卡其色与黑色调搭配。不管怎样，当下还是想坚持蓝色、粉色或绿色，那么可以尝试把墙刷成彩色的。最糟糕的结果，也不过是几个月后重刷颜色。我的新住处，全部都是白色的，它让一切都变得简单！

把一切不协调的东西都藏起来

如果打印机灰色又单调，把它放进柜子里吧！

给客厅沙发铺上一层织品

→这样做有两个好处：有助于减缓沙发的老化磨损（我养了狗！），花费不多又能改变装饰效果（换个沙发总是一笔不小的花费）。

所有物品放入收纳箱

→收纳箱是小空间的解决之道。巴黎女人毫不犹豫地不断购买，收集一整套的镀锌箱子，整齐地归置在架子上。像柱子一样堆高并附上标签：蜡烛、鞋油、电池、灯泡、缝纫用品……绝对是个轻松迅速找到东西的好方法。

照明要简单

→简单的射灯比造型精致的灯具能让人看得更清楚。一台稍具创意感的灯让风格立现。

每个房间都放上香氛蜡烛

→宜人的气味与漂亮的家具一样重要。即使长夜仍未降临，踏进家门也要马上把蜡烛点燃。

装饰风格要能反映居住者的个性

→我的个性有点双重化：我喜欢禅宗的至简风格，但传统民俗风也是我的钟爱。不能像设计电影布景那样进行居家空间装饰。我们不是在重现某个时期的装饰风格，不需要特别关注年代的正确与否。正如服饰时尚领域，混搭是适合的手法。把便宜亲民的和高档雅致的相组合，IKEA（宜家）家居搭配设计师品牌，或者跳蚤市场上淘到的家具，有何不可？在宜家沙发旁放置一个20世纪60年代设计师设计的灯具和一个从跳蚤市场淘来被我重新上过漆的书架，对我来说完全没有任何问题。关键是室内装饰不要用一个品牌的成套产品。

水果也可以展示

若水果篮里的橙子或者苹果放得太满，可以放一些在透明的花瓶里。既能解决问题，又能带来装饰的效果。

不要过度改造，不利于维持一个空间自然的魅力

→就如时尚方面，我们要尊重一个女人自身的气质风格，室内空间装饰上，需要尊重空间固有的风格。如果喜欢偏时髦的风格，把老公寓的天花板装饰镶边漆成粉色不失为一个解决之道（毁坏掉装饰边在巴黎市内是一种违法行为）。在上一个住处，我用玻璃隔板把一个空间改造成了多个房间。

自制艺术品

→为何认为需要斥巨资为家中添置装饰的艺术品？把你孩子的涂鸦作品装上框架裱起来。所有10岁以下孩子所做的涂鸦都让我触动。他们拥有自由不受约束的创作天分，这些天分会随着成长后的刻意学习而消失。给他们牛皮纸和炭笔，即会画出杰作，只等我装裱起来了！磁性树脂相框可以让比较重要的纸张——即使是一张随意间写下一句话的纸片——精致起来。把杂志上那些你所喜爱的照片剪下来，也可以这样镶在磁性树脂相框里。没有所谓的“次等艺术”。

让窗帘杆简单些

→简单的锻铁杆，也好过那些模仿法国最后一任国王使用过的那种风格的窗帘杆。如果还想要更简洁的风格，连窗帘也不需要装！

用一把椅子或者扶手椅作为最后个人风格的点睛之物

→正如配饰对于整套穿衣装扮风格所起的作用，我们也可以用一盏灯来强调居家装饰风格。不要回避这种做法：挑选一件家具作为定义家装风格的点睛之物，这绝对行之有效。

增加一点幽默感

→我喜欢改变器物原有使用方式。比如，在跳蚤市场淘到的洋娃娃用的餐具，被我当作厨房用具。小小平底锅是摆放几颗冰激凌球或是盛放酱汁的绝佳之物。若用调味汁瓶盛放，中规中矩，没有新意。

厨房里

餐具带来惊喜

→我不会特意为重要场合准备一些精致的餐具。我喜欢日常或生日时都可以使用的珐琅餐具。不要担心颜色过于丰富，我的那套是红白配色，被放在客厅的碗橱里。

厨房用具归置摆放在花瓶里

→发掘物品常规用途之外的使用方式总是充满着趣味，就像服饰时尚方面，也要大胆打破常规的穿搭。

选择柔和粉色彩家电

→我们容易将铝的质感和高科技感联系在一起。不过我很喜欢给家用电器增添些柔和感：淡粉色搅拌机或者杏仁绿的冰箱，柔化了电器的机械性一面。

统一瓶瓶罐罐

→因为我把香料摆置在外面，所有香料从同一个品牌购买以避免不一致的外观影响整体的美观，所以全部的香料瓶都一模一样。我用的是Eric Bur，但我并非品牌代言人，所以我不建议一定非这个牌子不可。

给饭桌增添光芒

→显然，银质餐具始终独具魅力。然而当下，我偏爱带着哑光金色调的刀叉。不需要去高奢的家饰店寻获，我的是从平价商店Monoprix买的，甚至在H&M我也看到有售。

懂得打破常规，另辟蹊径

→既然我想整个房子都是统一的白色调，我从来不会打算在我的原木厨房台面上放置家家都使用的黑色平底焙锅。借助谷歌（Google），我终于追踪到了看似难觅的选择：白色平底焙锅。

清除所有的纸盒和塑料包装

→面、米、谷物甚至糖果，都去掉了它们的外包装，全部放进罐子里。这样看上去整洁多了，尤其是我的橱柜没有安装柜门或玻璃门。而且，找东西非常容易，对罐子中剩余的量也更有把握。

家里放置一本多来尼克·洛罗（Dominique Loreau）的著作《简单的艺术》（*L'art de la simplicité*），这是我的装饰指南，它赞颂在生活中践行禅的思想原则。

浴室里

装扮沐浴液

→与其仍保留着那些不太洁净的，瓶身上浮夸地写有品牌标志的泵瓶，不如把沐浴液装入造型一致的瓶子里。纸巾也一样，把它们藏在与家中装饰风格统一的盒子里。好吧，我现在找到更好的方法，我直接购买那些容器很有设计感的品牌的洗发水和沐浴液，如来自瑞士的极简主义风格品牌三茶官（Sachajuan）的产品，或者大卫尼斯（Davines）的Volu洗发水。

按品牌归置香水

→如果你像我一样，拥有多瓶香水，可以把相同的品牌摆置在一起，因为它们的瓶形外观通常很相似。

选择颜色简单低调的浴巾

→在购物时，我们很容易着迷于一条青绿色的浴巾，它正如我们喜爱潜水的那个环礁湖的颜色一样。但是请注意，一旦买回家，它的色彩和浴室的瓷砖不一定相配（我劝你可不要选择青绿色的地砖）。简而言之，专注于一两个颜色即可。我浴室的所有毛巾都是黑色和白色的，购自东都特（La Redoute）的AMPM网站。这样的颜色不会让人用腻，而且如果有一些用旧了，可以很容易买到同样的来更换（我可不确定青绿色的毛巾下一年货架上还有）。

营造几分北欧风的沐浴氛围

→把鬃毛手套或者其他一些琐碎物品直接摆置在浴缸边，有碍美观的东西都放在一个小木桶里。

刷牙杯的诱惑

→买到漂亮的刷牙杯不太容易，其实我用珐琅杯替代一般的刷牙杯，它和我的浴室风格很搭。

让水龙头也讲究起来

→我的浴室的整体色调是白色的，因此黑色的水龙头能让层次丰富起来。此外，黑色永远不会显得有污渍。所以不需要因为水渍的问题经常擦洗。

花的魔力

是的，也有难看的花束！但是你不会选错，只要记得以下几点：

- 选择长茎的彩色花朵，如一朵牡丹，可以单独插在一个细管状花瓶里。同样的做法可以多多尝试。而白色的花束，是绝对不会出错的选择。
- 用绿植装扮居家空间是任何人毫不迟疑的做法，用黑色或者镀锌花盆更佳。

最好避免：

- 花束里混合着各色花朵，就如时尚，整体的色彩搭配最多不会出现超过三种颜色。
- 居家室内禁忌花种：菊花（出现在墓地里的明星花朵）。
- 花茎太长的花朵，没有适合它们的花瓶。

动手改造：

- 如果花束确实难看，就把它分成几个花束。

14个提升居家空间风格的诀窍

1 在桌上展示不同的陶瓷摆件，是巴黎女人的新嗜好，她们借此互相交流好的陶艺家的店铺地址，就如同互相分享好的时尚信息一样。

2 酒吧内常见的餐具换个场景使用，如用于鸡尾酒的“莫斯科骡子”（Moscow Mule）铜杯，我就买了好几个，主要在巴黎11区的瑟丹路（Rue Sedaine）46号或是从Camaison-du-barman网站购入，但是仅摆置在玻璃柜里。它们给我的客厅增添了独特的魅力。

3 石灰色墙面永不过时。

4 接受自己神经质的一面，我痴迷收集物品，我喜欢把它们展示出来而不是收起来藏好。就像我的那些在书架上紧密摆置成一排的小柳编篮。

5 要懂得留些什么也不摆置的空间，或者只有一个物品。例如，放一个雕塑品，尤其当我们有收集小摆饰的爱好时。

6 书架旁留有一个古旧风的木制梯凳，以便营造“我常花时间在此寻找书籍，阅读是我的日常主要活动”的氛围。

7 用迷你画架展示一副画作，而不是挂在墙上。如此让空间有艺术家工作室的感觉。我是巴黎艺术家让·巴蒂斯特·谢富尔（Jean-Baptiste Sécheret）油画作品的爱好者。

8 统一用同一种颜色的小摆饰在特定空间内，才起到装饰效果。

9 选择一个宽敞舒适的大沙发。有时候很容易受到时尚家装杂志上那种特别有设计感的沙发的吸引，然而当你躺卧其上时，并不舒适。

10 墙面上的开关可以改变墙面的风格，这点很难让人关注到。我家中那些开关多是老式的。

11 我用白蜡给我的木制老家具打蜡，可以在药品杂货店购得，这样让家具有种久用的自然光泽。

12 不要固守物品的原本用途。一个从来没用过的马克杯，可以装些泥土，在里面种一株小绿植。

13 挂上些灯串，即便过了圣诞节，这种装饰也可以带来欢快的氛围。

14 若空间充裕，可以在桌面上布置个迷你小展览，把艺术家的作品和收到的来自孩子们的母亲节礼物一起展示，这样能增添孩子们的自信心。

收纳整理的艺术

整洁有条理的壁橱令人以全新的方式看待生活。在巴黎紧凑的小公寓中，归整好衣柜并非易事。我不会建议你清理掉所有的东西以解决空间不足的问题，总能找到解决之道——采纳收纳整理专家近藤麻理惠（Marie Kondo）的方法，所有的难题将迎刃而解。这位日本女性提出了收纳整理师的职业概念（我的清洁工应该早考虑这个称号，这样可以向我要求加薪……），她的书《怦然心动的人生整理魔法》（*La Magie du rangement*）第一版已在全球售出250万册。她的建议给了我很大启发。尽管我还达不到与袜子对话，在看到它们时有怦然心动之感的地步，但是她的一些建议确实让我学会专注于必需品上。以下是我的整理方法。

给鞋子拍照

最佳的建议是用拍立得来拍下鞋子的照片并把它们粘在盒子上，鞋子被细心地收纳在盒子里。用店铺里堆放鞋盒的方式，把这些盒子堆叠起来。不太完美的整理方法：把所有的鞋子用数码相机拍下照片，打印出照片并贴在放置鞋子的盒子正面（一个盒子里可以放多双鞋子）。

买入同类型衣架

宜家那些纯黑色或白色的塑料衣架，既不占用多少空间又能挂很多衣物。统一的款式让排列层次更清晰。

思考

整理居家空间，不是必要的事，而是一项义务。它让心灵澄净，生活美好。

巴黎已经很拥挤了，那么在自己的家中，我们可以尽量将杂乱程度降至最低。

清除多余之物

这并非易事，虽然我得益于搬过多次家，清理了一些无用的东西，但是不要囤积物品应被当作一条原则。要懂得适度放手。这样做没有任何成本，还不会让公寓被盖满灰尘的无用物品所淹没，使室内空间更时尚。此外，我向你保证，舍离不是那么重要的物品，益处多多。最困难的是构造一个“小杂乱”，用它温暖的气息来中和室内极简的氛围。一个装在有机玻璃盒子里的旧玩偶，摆放在客厅中，可以起到很好的效果。

小空间的黄金法则

井井有条的小空间才适合居住。尽量找到所有的可收纳空间，把所有的闲置空间都利用上（山墙屋顶下的壁橱，床底下、楼梯下等）。要让收纳具有双重功能是我们的目标。例如，我把狗粮塞在一个可以作为坐凳的箱子里。在女儿的房间，我把她的床安置在高处，床边的踏步楼梯被改造成一个大抽屉。

归置配饰

我把我的珠宝首饰像在珠宝店里那样展示出来，这让我有更强烈佩戴首饰的欲望。我有一个挂项链的陈列架，有一些摆置戒指、耳环和手环的玻璃柜（购自AMPM）。我把吊坠和缎带放在一个小篮子里，如此可以视心情制作项链。至于包包，如果空间足够，就像在店里一样，最佳的归置方式是把它们陈列在衣柜里。否则我会将它们挂在墙上的毛巾架上（或者纸巾架上）。如此，所有的包包都一目了然（其实，我有好几个包架……），而且早上穿搭时，超级容易挑选适合的包包。不要以为我只有时尚款，我也会把棉质布提包一起归置，用来放文件非常方便实用。

懂得“编辑”衣柜

“编辑”是一个比“丢掉”更专业——也更高雅的词汇。它也能意指相同的事情：任何状态不好、很久不穿的衣物，丢掉它。如果看着一件衣服，还没有强烈的渴望去穿，也要扔掉它。犹豫不决时，我们可以设想一下那位穿衣风格让自己很欣赏的朋友：“她会穿吗？”如果答案是“不会”，那么让它在二手市场（Emmaüs线下二手平台）开启新生吧！

按照类别摆放衣服

裤子与裤子放在一起，全部T恤放在一起，毛衣另外放等。不同季节的衣服分开放。如果还想做得更好，将衣服按颜色分类吧！这样的话，打开衣橱时，心情更愉悦。

所有衣服放在显眼之处

虽然并不容易做到，但如果衣服不出现在视线中，也不会被穿着。整理好自己的首饰和配件，把它们摆置在像珠宝店中的那种小玻璃柜中。这样让人有佩戴的欲望，并且所有物品都在视线之中，选择起来也很容易。

来自近藤麻理惠（Marie Kondo）最重要的一课：纵向归置衣橱

这让我的衣橱产生革命性的改变。以前，我喜欢像服装店里那样成堆放置毛衣。但当没有一堆衣服而是仅有两件T恤时，这样确实不太方便。近藤麻理惠提倡纵向叠放收纳，在衣服分好类之后，她建议首先以一种特定的方式叠好（平铺，把两侧部分往中心部位折叠）。接着，把叠好的衣服纵向摆置在抽屉里，如果抽屉数量不足，也可以放在箱子里。如此一来，一眼就能看到所有衣服，经过一周也不用面对一个散乱的衣橱。我以这种方式整理衣物已有好几年，生活也因此改变！

来自中国的智慧

在采纳近藤麻理惠的办法之前，我是“风水”思想的追随者。这是一门让居住空间和谐自然的古老艺术。我遵从三条规则：

→ 办公桌不能放在卧室，要把工作区域和休息区分离。

→ 物品破损之后要立即修复，否则能量不能畅通地循环。

→ 在家中放置些橙子和柠檬可以带来好运。

巴黎女人的绿色行动守则

若意识能觉醒，永远不会太晚！十年前，巴黎女人还不能完全意识到人类对地球造成的伤害。如今，行动迫在眉睫。确实，鉴于我所服务的时尚品牌并不全以可持续发展为主旨，我也还不是绿色环保大使。但是我在朝此方向努力，尤其是我试图提高我所合作的品牌的环保责任意识。以下是坚持环保责任感应有的四种态度。

La Vallée
Village

践行慢时尚

我一直强调购物要少而精。比起低价买一件经三次洗涤就散架的衣服，我宁愿多花一点钱买件品质精良的。其他坚持“绿色”守则的方式有哪些呢?

购入二手衣物或者卖掉不穿的衣物

一直以来，在我搬家或者整理衣柜之后，我会把不需要的东西赠给一些机构，包括慈善组织Emmaüs。这于我来说，是正常的习惯。但是对于想给自己账户充值的人，可以选择Vinted，这是一个必不可缺的二手衣物交易应用程序。非常适合转手卖掉一件两年前就为参加婚礼而购买的，但随后再也没穿过的裙装。或者摆脱一件一时疯狂买下的、带有超大标志的运动衫。当然也能买入一些别人在售的二手衣物。如果想要买更时尚一点，甚至更奢华些的衣物，可以访问Vestiaire Collective，它与Vinted是一样性质的二手物品交易平台，只不过它上面的东西更高端些。

租借晚礼服

得益于：1robepour1soir网站，能够以很低的价格借到只穿一晚的Alaïa礼裙。

用实惠的价格买到过季的衣物

我们都知道巴黎女人不追随潮流。因此她们不在乎衣服是不是当季流行的。这就是la Vallée Village河谷购物村（3, cours de la Garonne, 77700 Serris）运营的出发点。它处于巴黎市郊，借助专线往返班车或快速线路RER，非常方便前往。这个购物村很值得一逛！不仅有高档设计师品牌（Gucci、Valentino、Prada、Tod's、Céline、Jimmy Choo），也有Isabel Marant、Levi's、Fusalp、Zadig & Voltaire这些品牌，全是极低价。而且，也可以在休息时一享这里的美食（Ladurée、La Maison du Chocolat、Pierre Hermé和Amorino餐厅都位于此）。不仅可以让人节省大笔预算，也可以拯救那些要消失报废的衣物。

首先选择当地的杂货店和小厂商

✱ 购物时，我会尽量到有小厂商供货的杂货店或者市场采买。如果不方便外出，可以在epicery网上下单。这是一个汇集了众多杂货店的网站，包含提供外卖服务的Papa Sapiens。同样类型的商店还有La Laiterie de Paris，它收购售卖法兰西岛的乳制品，并且所售奶酪都产自巴黎。

发掘“健康”的餐厅

✱ 没错，虽然在下一章节我会推荐去一些时髦的餐厅，在那里有机和生态常常只是一个口号。但是我也越来越多去那些提供简单料理的餐厅，通常是素食。以下是我最喜爱的三个餐厅：

→ Vida（地址：49, rue de l'Échiquier, 10ᵉ；电话：+33(0)1 48 00 08 28），这个餐厅由最具法国风格的哥伦比亚主厨Juan Arbelaez构思设计，他和他的记者女友Laury Thilleman共同经营。所有食材都是当季的，特别新鲜，并且内部环境非常温馨、舒适。

→ Simple（地址：86, rue du Cherche-Midi, 6ᵉ；电话：+33(0)1 45 44 79 88），一上午都在第6区逛街购物后，这里是享受健康午餐的绝佳场所（这里离Bon Marché百货很近）。正如店名（意为“简单”），这里的食物也尤为简单，但是极其健康。

→ Clover Green（地址：5, rue Perronet, 7ᵉ；电话：+33(0)1 75 50 00 05）。这家极其“绿色”的餐厅是由Élodie和Jean François Piège共同经营。后者曾写了《零脂肪》（*Zéro gras*）一书（Hachette Pratique版本），他有一项把芦笋浓汤做到令人上瘾的绝技。

对于地球环境保护我做的五件事

我从不让水毫无理由地开着；我在刷牙的时候会关掉它。

我在办公室用的是马克杯而不是塑料杯。

我用白醋清洗所有东西。

当衣服褪色时，我会自己染衣服。

我使用可重复使用的布袋包装礼物而不是用包装纸。

只喝自制果汁和蔬菜汁

在Netflix上看了一部纪录片后，我做了这个决定，纪录片讲述了一个肥胖，病弱到濒临死亡的男子，他决定60天内只喝蔬菜汁和果汁。他称赞这样做对体重的减轻和皮肤问题的改善有功效。我虽然无心减重，但这种饮食法似乎对他的精神健康也有积极的影响。所以我很快订购了一个榨汁机（品牌是Omega，可以在natura-sense网上买到），我很快地发现这个机器与单纯的果汁机不一样，它能保留食材中的营养成分，榨出的果蔬汁富含维生素，健康又充满能量。

我的交通方式

当下，在巴黎开车出行的人最终会自问："为什么我每天要在车上浪费1个小时？"交通如此拥挤，一定是疯了才想着还能开车外出。所以，我选择走路。我很幸运，居住的城市是世界上最美丽城市之一，在我的苹果手机上还有一款计步器应用程序。走路是最好的运动，对想象力很有益处，甚至还能同时欣赏沿途的橱窗呢！

巴黎式居家晚间宴请

所有人都以为我宴请客人的晚餐特别精致，邀请的全是巴黎最时髦的客人。其实这完全不是我的风格。而且，若我居家宴请友人，其实只是为了与朋友相聚，而不是整个晚上都待在厨房备菜。当计划在家宴请朋友时，巴黎女人会怎么准备她的晚餐呢？下面是我的逆向规划时间表。

宴会前两小时

一天的工作结束后，我奔跑着回家。一般情况下，我不担心食材采买的问题。回家的途中，时间刚好够我顺途买一只鸡，这就是晚餐的主菜。我没有准备晚餐时的装束，报纸和“大孩子”的杂物在客厅堆得到处都是。

宴会前一个半小时

我把鸡放到炖锅中，同时放进厨房中能找得到的食材：去皮西红柿、洋葱、多种调味香料（咖喱、香菜、百里香等），然后小火慢炖上。在炖鸡的时间，我整理打扫下卫生，然后我还可以洗个澡。

宴会前一小时

以前，我会让孩子们负责餐桌布置，他们总是有些奇思妙想。现在他们大了，我独自完成这项工作。在餐桌上摆上蜡烛，铺上彩色的桌布（海军蓝色总是能给人留下好的印象）。然后我取出珐琅餐盘（你已知晓这是我的嗜好）和金色的餐具。我试着挑出两三朵花，或者重新组成的花束，把它们放进迷你花瓶中，分散摆在桌上。

宴会前半小时

我以前一直认为应该准备好多种开胃酒。但实际上，只有红酒和白酒也已足够，能让大家都心满意足。而且大家整个晚上都在开怀畅饮。对于不饮酒的客人，准备水和果汁就可以了！对了还有姜汁啤酒（Ginger Beer）……我也不知道如何解释巴黎女人为什么对这种饮品很沉迷。她们有时会有令人费解的爱好……

客人到场

客人都已到达后，我会让他们享用些芝麻棒，摆放在玻璃杯中，还能起装饰的效果。椒盐脆饼和小番茄以及其他迷你蔬菜（也放在玻璃器皿里）。主要目的还是尽量让客人在落座之前保持饥饿感。我发现客人等待开宴的时间越久，就会觉得菜肴越美味。

到场一个半小时后

是时候煮上印度香米了，给晚餐带来精致感。此时，客人们已经没有了耐心，肚子开始唱空城计了。

到场两小时后

客人们饿得专注于食用盘中食物，他们很喜欢鸡肉这种做法并询问："用什么做的？"多年以来，我很清楚一点：人们到你家中不是为了吃饭，而是来见见你，不会在乎菜肴是否丰盛。在外面能为他们做出美食的大厨多得是！我不需要表明自己的厨艺多么高明。我受邀参加过那么多次很棒的晚餐，其中最近的一次，晚餐主人问我："你的比萨想放些什么料？"他在向隔壁意大利餐厅订餐前，首先问了每个客人的喜好。他深谙待客精髓：大家对吃到的比萨很满意，他无须手忙脚乱地备菜，可以安心地和我们度过一整个晚上。在烤箱前忙碌一个晚上，已经不是现代的待客方式。如果你真想效仿"九星名厨"杜卡斯（Ducasse），必须事先尽量多做好准备工作！

到场三小时后

甜点一定要带点趣味内容，给大家以惊喜。我很喜欢用小平底铝锅盛放巧克力慕斯，来招待客人，就像用玩具餐具一样。或者，美味的冰激凌——当然是买的——我会把它做成球状，装进圆锥形饼干卷中。这令食物更美味！最后，正如服饰时尚和居家装饰：少即是多，一切不要过度，才能确保待客的氛围轻松舒适。我敢打赌，众多被旧式礼节禁锢的女性会很快地转向这种待客之道……比古板的晚宴更轻松、更令人愉悦！

巴黎App

当我在巴黎，招待友人无法亲自准备晚餐时，如果想吃东西，我的第一反应是拿起手机订餐。Deliveroo是一个让我可以从准备晚餐这项工作中“自由，解放”的应用程序。通常我会从Wild & The Moon订餐，这是我所知最健康的餐厅之一。我最爱的饮品是Black Gold，含有杏仁、木炭、枣、香草和海盐。是的，听起来很怪异，但我向你保证，味道真的很棒。

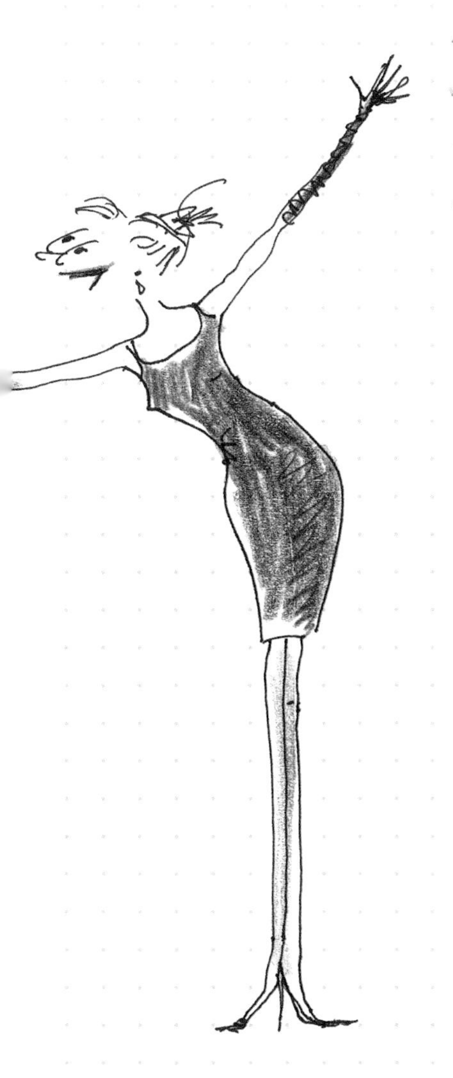

法式饮食

常常有人问我如何控制饮食。所有人都想解开巴黎女人的秘密，获知她们如何维持身材（欧码38号）。我可以告诉你，个人而言，我从来不节食。但是我遵从着一条戒律，它控制着我的饮食习惯：只要不再有饥饿感，就停止进食。这点看上去很简单，但好像并不是人人都能做到……

家饰好店

The Socialite Family

The Socialite Family的创始人兼艺术总监Constance Gennari自称对新生代的父母充满热情和好奇心。她创作那些经典且极具现代感的家具时，总是以新生代父母为设计对象。她的销售方式也符合当下的要求：为了确保售价合理，The Socialite Family选择不经过中间商，直营的销售方式。

地址：12, rue Saint-Fiacre, 2ᵉ
电话：+33(0)1 82 28 06 87

Maison de Vacances

一踏入这个店里，我就有种渴望，希望自己家中的装饰也能和此地一样。两位店主都很友爱，一位曾经是服装设计师，另一位曾是艺术总监。他们通过采购物品并加上一些独特的复古风格的部件来制作一些产品。我很喜欢色彩精美的亚麻床单、凸纹布餐巾、木制品、陶器、落地灯和吊灯。“像打扮自己一样，打扮你的家”是这家带有波西米亚时髦风情的精品店的标语。

地址：4, rue de Cléry, 2ᵉ
电话：+33(0)1 42 86 94 69

Borgo delle Tovaglie

这家面积为700平方米的概念店风格奢华，介于时尚工业风和意大利的全新美好生活（dolce vita）风格之间。柳条篮、家用织物、老式餐盘，我全部都想拥有。为了平息一下我那疯狂的购物欲望，我到店内的小型意式小酒馆享用了一份自制意大利面。这里甚至可以包场办私人派对，令人想留下来生活。

地址：4, rue du Grand-Prieuré, 11^e^
电话：+33(0)9 82 33 64 81

AMPM

✱ 以前，我们无法“真正”看到这个备受巴黎女人迷恋的品牌的家居产品图册上的商品。当下巴黎已有这个品牌的展销店，部分产品可以当场购买（其余产品，还是如之前一样需要下单订购）。我常在品牌的网页上购买亚麻床单，然而可以到店内确认床单的颜色也令人开心。窗帘也一样，能现场看到实物更让人安心。亚麻窗帘是我的最爱，但我有时也会把简单的床单用吊环窗帘夹挂起来作为窗帘。至于餐具，我很喜欢定期更换，它让晚餐不再千篇一律。在AMPM，有售黑色或者金色的餐具。我们甚至可以两种颜色混搭使用，以适度打破常规餐桌布置风格。也是于此，我找到了处处都能用上的展示盒，从厨房到更衣室，我都有摆放。

地址：62, rue de Bonaparte, 6e

Astier de Villatte

✱ 这是我最喜欢的餐具店。产品的风格极其精致又简约。我喜欢在家中把小件陶瓷产品像艺术品一样摆置。Astier de Villatte也备有焚香和香氛蜡烛（我对一款名为“Le Grand Chalet”的产品情有独钟，它以瑞士的一个令我着迷之地命名），还有一些不仅时髦而且很有趣味的设计，如盖子上有Snoopy的大汤碗，这让孩子们很愿意喝汤！

地址：16, rue de Tournon, 6e
电话：+33(0)1 42 03 43 90

Mint & Lilies

这里，一切都很迷人，新颖，充满着诗意，价格也在承受范围内。正是我们想要的，不是吗？这是一个真正富有魅力的家饰店。这里可以找到许多材质温润的物品。我在此寻获了槽纹玻璃杯，带金色盖子的玻璃罐和别致的刷具，更别漏掉迷人的印度风首饰。

地址：27–29, rue Daguerre, 14^e
电话：+33(0)1 43 35 30 25

Les Fleurs

这里没有如店名所指示的那样会有鲜花，而是售卖装饰品、小皮具、首饰、围巾及文具。或许与“bobo”风（波西米亚风）类似，毕竟人们总喜欢以风格来区分店铺。然而店里众多的老式家具，让它成为一个魅力十足的旧货店，来到这里后，就很难空手而归。

地址：6, passage Josset, 11e
地址：5, rue Trousseau, 11e

Rivières

最后一次搬家的过程中我发现了这家店。这里的一切似乎都是从旅途中带回来的。风格是以黑白色系为主的时髦民族风。地毯、木勺、金属餐具、篮子（特别提一下他们的黑色珐琅咖啡壶），全是我喜欢的类型。店铺由爱探险的旅行者创办，他们会从印度到撒哈拉，从世界各地都带回一些东西。但是请注意，这家店只在周六才营业。

地址：15, rue Saint-Yves, 14ᵉ
地址：Open Saturday from 11 a.m. to 7 p.m.

Marché aux Puces de Saint-Ouen

大家总爱去Marché Paul Bert［Marché aux Puces de Saint-Ouen（巴黎圣图安旧市场）的一处］。不过我喜欢换个地方，去威耐逊跳蚤集市（Marché Vernaison），在这个区域我们可以找到Tombées du Camion摊位（地址：99, rue des Rosiers, 93400 Saint-Ouen）。摊位布满了成千上万个极其可爱的小古董，状态依旧是崭新的，以一种绝佳的方式陈列着。这里的摊主们极具天赋，他们擅于为小物品搭建场景。这里找得到哨子，也有鸡蛋杯、老式药盒、黑板、信纸、餐盘、玻璃瓶，还有勾起我们童年回忆的小玩具和古旧包装。什么让我最感兴趣？包装精美的化妆品罐或者药品罐。不能让我在这个摊位逗留太久，因为我会把店内全部商品一扫而光。我的购物袋里已有：盐罐、餐盘、茶会拼盘、波尔图酒杯、迷你小玻璃瓶（可以作为花瓶插放单支花）、卷尺……在这个仿佛是阿里巴巴的藏宝窟中，可以找到很多已被遗忘的复古小工具，突然之间让人觉得必备不可。

Merci

* 童装品牌Bonpoint的创始人Marie-France Cohen非常有远见，十年前就已预见开设一个符合共济互助思想的买手店，是我们于21世纪能做到的最好的事情。Merci因此而诞生，它的部分利润用于资助马达加斯加西南部的教育和发展项目。如今，虽然Merci已换他人接管，但是1500平方米的空间仍同时储备着高端商品（部分家具）和日常用品（如家用纺织品、精巧且充满设计感的厨房用具）。有服装和首饰，也有各种颜色的彩铅和老式笔记本，都是为Merci独家设计。在Merci你可以找到所有东西，不过最重要的是，大部分的品牌都是经过精心挑选，都在某些方面符合道德主张。它的混搭方式正是我们喜欢的，我们要对它说声“Merci（谢谢）”。

地址：111, boulevard Beaumarchais, 3e
电话：+33(0)1 42 77 00 33

Bookbinders Design

在这里，黑色的相册上可以用银色印上一个名字或年份，无疑很时髦。品牌通过可完全循环使用纸张来制作笔记本，实现了绿色环保。

地址：130, rue du Bac, 7e
电话：+33(0)1 42 22 73 66

World Style

是的，散热器从没有真正引起人们的注意。但是这里的散热器激起了巴黎女人的热情，因为它们太有型了。这个店值得留意，因为时尚的散热器很难遇见。

地址：203, bis bou levard Saint-Germain, 7e
电话：+33(0)1 40 26 92 72

Vincent Darré

Vincent Darré是我最喜爱的设计师之一，他在开启艺术家具领域的冒险之旅之前，曾是时尚设计师。他创造力惊人。他的家饰品和家具混合了严谨和蓬勃生机。正如“蜻蜓”（Libellule）灯和“半人马”（Centaure）桌子，趣味十足，令人难以抗拒。

地址：13, rue Royale, 8e
公寓预约电话：+33(0)1 40 07 95 62

Caravane

Caravane除了沙发的设计无与伦比外，也有众多其他家具和家饰，令人深深沉迷于它们那带有异国情调的巴黎当代风格。所有混搭都极其精美和雅致。我们可以到店里逛逛，激发灵感，在家中也如此装饰和布置。店里的可以铺在沙发上的美丽织品，我从不会厌倦。Caravane的畅销品是什么？外罩可拆卸的“Thala”沙发。一旦坐上去，就想一辈子都不离开。这是一个充满异国情调和国际大都会感、非常巴黎风的地方……即使现在Caravane在法国的多个城市，以及伦敦和哥本哈根都有分店。

地址：9 et 16, rue Jacob, 6ᵉ
地址：19 et 22, rue Saint-Ni-colas, 12ᵉ

Eric Philippe

这家店位于巴黎最美丽的拱廊街之一，精于20世纪的家具，特别是20年代至80年代流行的斯堪的纳维亚设计。这里也有50年代的美国设计师家具。它们全都纯正、美丽，正是我喜欢的风格。

地址：25, galerie Véro-Dodat, 1er
电话：+33(0)1 42 33 28 26

Galerie du Passage

在Éric Philippe陈列店的对面，就是Pierre Passebon的店铺，它以从20世纪至当下的精选家具和家饰品而著称。在店内，总是有精彩的展出让你不虚此行。离开此店时，你就会知道，对展示在这个迷人之地的让人渴望的物品，无法不带一丝留恋。

地址：20–26, galerie Véro-Dodat, 1er
电话：+33(0)1 42 36 01 13

Gypel

不管是什么物件，照片还是绘画作品，这个镶框店都能让它们的亮点得以展现，更加熠熠生辉。他总是有很多奇思妙想，实现你所想要的。这里是居家装饰的必访之店。

地址：9, rue Jean-Jacques Rousseau, 1er
电话：+33(0)1 42 36 15 79

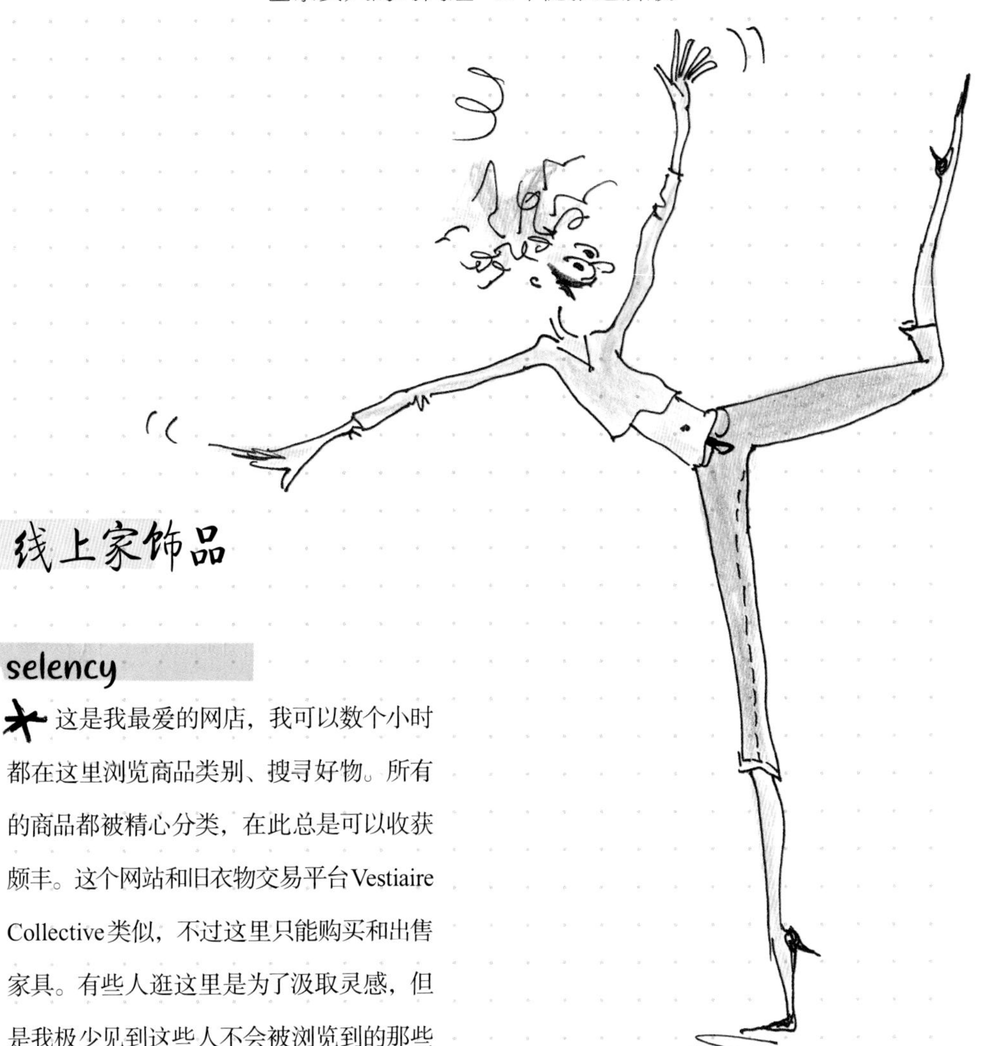

线上家饰品

selency

这是我最爱的网店，我可以数个小时都在这里浏览商品类别、搜寻好物。所有的商品都被精心分类，在此总是可以收获颇丰。这个网站和旧衣物交易平台Vestiaire Collective类似，不过这里只能购买和出售家具。有些人逛这里是为了汲取灵感，但是我极少见到这些人不会被浏览到的那些精美的家具诱惑，不会去点击买下它们。哪部分最值得探索？最值得出价的200件精品（Top 200 des pièces à négocier）。

dexam

这家英国企业创立于1957年，专营厨具。网站上也有售珐琅餐盘——Dexam vintage——对于这个系列我会毫不犹豫地说我有收藏。

onrangetout

收纳整理？正是我的爱好。这个网店是我的参考资料库。它涵盖的商品非常丰富齐全，一切都是依照空间分类（客厅、浴室、酒窖等）。如果你正在寻找更衣室归纳整理的思路，那么浏览下这个网站吧。绝对可以找到你碰到的收纳难题的解决之道。

decoclico

商品非常齐全的家饰品网店，我特别喜欢它的“厨房”专区，可以找到许多收纳整理的小诀窍。

avidaportuguesa

这是一个葡萄牙品牌的网店，线下在里斯本有四家分店。这里的家饰品让你的家中随之也进驻了些许阳光。

lovecreativepeople

这个家饰品网站上所有来自世界各地的品牌，都值得我们去了解。无论是水瓶还是厨具，这里的日用品都带有一些额外的特质，这点在其他地方非常少见。

cosydar-deco

这里充满着未经处理的天然材料。例如，铸铁和月桂木的衣架，古朴自然，摆置在房间里仿若艺术品。

madeindesign

线上家饰设计第一名。一进入网站，我首先点进特卖（Bons plans）区，这里总能淘到低价好物。而在杂志专区，则有好多装饰好想法。巴黎女人的最爱？在此购入Fermob的卢森堡花园椅，给家中带来一缕卢森堡花园气息。

madeleine-gustave

这家店曾位于圣马丁河附近，当下正在巴黎寻找适合的店址。这段时间，我们来逛一下线上店铺，所有商品都让我有购买的欲望。以前在实体店里，我曾扫购了：铜制托盘、浴室用的肥皂盘、金属毛巾架、瓷制长柄大汤勺和汤匙、木盘、珐琅制品（我对它从不会感到厌倦）。店主应该是狮子座，上升星座是双子座，因为她的所有选品都让我很着迷。

鲜花的力量

虽然花店占据了城市的每个角落，但是很少真正富有创造力，能让收到花束的人惊叹不已。以下是我最喜爱的五家花店。

Arôm Paris

✱ 这家店的花束创意十足，还经常为时尚晚宴布置和装饰场地。

地址：73, avenue Ledru-Rollin, 12e
电话：+33(0)1 43 46 82 59

Thalie

✱ 鲜花正如美食：需要好的原材料和手艺精湛的大师。这正是Thalie所具备的，Pascale Leray拥有一双巧手，用高品质的花材打造作品。这里有一些别处少见的材料（如樱桃树枝），而且她还开设花艺作坊课程，想要自制花束的人可以在此学习。

地址：223, rue Saint-Jacques, 5e
电话：+33(0)1 43 54 41 00

花店

Lachaume

✱ 自1845年创立，这家店铺绝妙的鲜花装饰代表了一种高定精神，花束全部由花艺大师精雕细琢打造而成。店中的蜡烛带有我喜欢的紫罗兰色调（我女儿的名字就是Violette“紫罗兰”的意思）。如果还想要一些比花束更亮眼的效果，可以预定一束250支金色的麦穗。

地址：103, rue du Faubourg Saint-Honoré, 8ᵉ
电话：+33(0)1 42 60 59 74

Éric Chauvin

✱ 法国花艺之星，这个花艺家完全可以宣称他创造的花束充满着烂漫情调。店内白色调花朵组成的花束美极了。

地址：22, rue Jean-Nicot, 7ᵉ
电话：+33(0)1 45 50 43 54

Moulié

✱ 自1870起传承至今的法式传统花艺。Moulié以为政府部门、大使馆和高定设计师提供花束而闻名。显然，它的价格不菲，但是最后的效果总会令人惊叹不已。

地址：8, place du Palais-Bourbon, 7ᵉ
电话：+33(0)1 45 51 78 43

巴黎女人的送礼建议

送什么样的礼物才能表明你是地道的巴黎女人?

参加地道法式晚宴时：CIRE TRUDON或DIPTYQUE香氛蜡烛

当受到晚餐邀请时，香氛蜡烛是理想的礼物，因为方便携带至办公室，下班后带着礼物直接赴约（花束比较难打理）。巴黎女人会在选择Cire Trudon还是Diptyque之间而犹豫不决。前者品牌创立于1643年，曾向宫廷供应香氛蜡烛。后者创建时间更晚一些（第一支蜡烛于1963年推出），但是更具现代感而且是最早的男女通用淡香水的推出者之一。一定要试闻Cire Trudon的L'Admirable和Diptyque的Feu de bois。

地址：Cire Trudon: 78, rue de Seine, 6ᵉ
电话：+33(0)1 43 26 46 50
地址：Diptyque: 34, boulevard Saint-Germain, 5ᵉ
电话：+33(0)1 43 26 77 44

送给美食爱好者：CONFITURE PARISIENNE

有的果酱是直接涂抹在面包上，有的果酱是用小茶匙慢慢品尝的。瓶身上标有Confiture Parisienne的果酱是后者。独特的配方是由大厨开发出来的，所以，也可以称为“高级美食”（haute cuisine）——如服饰中的高级服装（haute couture）。一定要品尝和分享用椰子油和水果制作的水果奶油。如若你想要礼物更精致，瓶身还可以个性化。

地址：17, avenue Daumesnil, 12ᵉ
电话：+33(0)1 44 68 28 81

送给日本迷：BOWS AND ARROWS

致力于最好的日本产品设计，这个店铺是最好的日本生活艺术展示窗。我们总是认为去日本旅行，要买和服和扇子。不过我尤其喜欢各种小物品，从笔记本、笔到铜壶。

地址：17, rue Notre-Dame-de-Nazareth, 3e

送给创作者：ADAM 或 SENNELIER

这两个品牌提供绘画所需要的一切用具。Adam是自1898年创办的颜料供应商，而Sennelier供应颜料的历史可追溯到1887年。一些闻名的艺术大师如莫迪里安尼应该也到这些美术艺匠的店中购买过画材。我特别喜爱它们的纸、铅笔、颜料和各种色彩……

地址：Adam: 11, boulevard Edgar-Quinet, 14e
电话：+33(0)1 43 20 68 53
地址：Sennelier: 3, quai Voltaire, 7e
电话：+33(0)1 42 60 72 15

送给钟情法国文化者：BOUTIQUE.ELYSEE

在爱丽舍宫（Élysée）官网的线上店铺中，可以找到那些表达对法兰西的钟爱的产品。从“第一夫人”（Première dame）包包到与Atelier Paulin联名的“自由”（Liberté）手环，Boutique. Elysee是最具法国气息的礼品店，但目前只有线上店铺。它运营的目的是什么？商店所有的收益都用来修缮这座已有300年历史的宫殿。

第四部分

独一无二的巴黎

雅克马尔·安德烈博物馆

漫步在巴黎

当巴黎女人结束了一场购物和品尝完美食之后，她们喜欢看些什么呢？看看这座光之城的居民们闲暇时都有哪些消遣吧。

游览非热门博物馆

当然，我们可以去卢浮宫博物馆，奥赛博物馆和蓬皮杜艺术中心。然而当地人更喜欢去那些非热门、少为人知的博物馆。

雅克马尔·安德烈博物馆（Musée Jacquemart-André）

一些佛兰德斯和意大利文艺复兴绘画作品收藏于此，被珍稀家具环绕。茶室环境宜人。

地址：158, boulevard Haussmann, 8e
电话：+33(0)1 45 62 11 59

巴黎现代艺术博物馆（Musée d'Art Moderne de la Ville de Paris）

博物馆经整修之后于2019年10月11日重新开放，它有望成为巴黎最值得游览的博物馆之一。它的馆藏由13000多件的当代艺术品构成。

地址：12–14, avenue de New York, 16e
电话：+33(0)1 53 67 40 00

马蒙丹—莫奈美术馆（Musée Marmottan Monet）

位于一栋有花园的私人住宅——美术家马蒙丹旧居中，致力于收藏印象派作品。只有来到这里，才能欣赏到全世界最重要的克劳德·莫奈的作品。太令人惊叹！

地址：2, rue Louis-Boilly, 16e
电话：+33(0)1 44 96 50 33

浪漫生活博物馆（Musée de la vie romantique）

这是一个超级美丽的地方，在这里你仿佛能看见作家乔治·桑和音乐家肖邦随时会出现。博物馆的花园可爱迷人，可以预定在这举办婚礼。

地址：16, rue Chaptal, 9e
电话：+33(0)1 55 31 95 67

哥纳克-珍美术馆(Musée Cognacq-Jay)

这个小型美术馆仿佛是个少有人知的秘密——甚至在巴黎也是!这里可以观赏绘画、雕塑、素描、家具和瓷器作品等。所有馆藏主要都是始于18世纪，由莎玛丽丹百货公司的创始人Ernest Cognacq收藏。这里显然非常巴黎。

地址: 8, rue Elzévir, 3e
电话: +33(0)1 40 27 07 21

德拉克罗瓦博物馆(Musée Delacroix)

2017年年底，就是在德拉克罗瓦博物馆的花园里，我举行了新书*Les Parisiens*的发布会。这个卓越的博物馆坐落于第6区中心的福斯坦伯格广场(Place de Furstenberg)，不得不承认它是巴黎最具魅力的广场之一。当然，如果你喜欢德拉克罗瓦(Eugène Delacroix)的作品，那么一定不要错过这个地方。

地址: 6, rue de Fürstenberg, 6e
电话: +33(0)1 44 41 86 50

布德尔博物馆(Musée Bourdelle)

在这个博物馆里我们能感受到旧式蒙帕纳斯的氛围。博物馆里雕塑家布德尔的工作室保存完好，临时展览一直非常有趣。花园是个理想之地，非常适合安静的会面。

地址: 18, rue Antoine Bourdelle, 15e
电话: +33(0)1 49 54 73 73

逛逛英文书店

Galignani

✶ 欧洲大陆上最先开设的第一家英文书店。当然，这家书店不仅有英文书籍和杂志，时尚区的书籍也非常棒，我可以待好几个小时不想离开!

地址: 224, rue de Rivoli, 1er
电话: +33(0)1 42 60 76 07

WHSmith

✶ 这里有顶级的英文杂志。圣诞节前夕我总会来这个书店，挑选“英式”礼物和儿童书籍（儿童书籍区非常棒）。而且，我承认这里的英式巧克力小零食在别的地方绝对没有。

地址: 248, rue de Rivoli, 1er
电话: +33(0)1 53 45 84 40

在圣日耳曼·德·普雷区(SAINT-GERMAIN DES-PRÉS)漫步

尽管我现在住在第14区，但一旦有点时间，我就会去第6区逛逛。圣日耳曼·德·普雷区除了那些遍地的商店，还有三个地方让我特别钟情:

→ 侯昂庭院(La cour de Rohan)

周末关闭，周内对外开放，可以进入游览。过去曾叫鲁昂庭院“la cour de Rouen”（可能因为鲁昂主教居住于此）。它和巴黎的其他地方没有任何相似之处，这里不可以购物，我们来这里只是为了欣赏环境的美。

→ 圣日耳曼·德·普雷教堂(église Saint-Germain des-Prés)

它是巴黎最古老的教堂，如果我们从街道的另一边，站在“La Société”餐厅前，我们可以拍出一张漂亮的照片，放在Instagram上一定会有很多“赞”。

→ 奥德翁广场(La place de l'Odéon)

这就是有名的拍摄取景之地，可以说是存在于剧院外部的舞台布景。如果你能设法登上剧院的露台，就可以一览巴黎所有建筑物顶部的美景。

小朋友的巴黎

不住在巴黎的朋友总会问我："带着孩子到巴黎有什么消遣活动啊？"其实非常简单：巴黎有太多的活动能让他们忙起来，所以我从来没想过这个问题！博物馆、公园、玩具店、书店、演出和古迹，和孩子一起游巴黎总是乐趣无穷。

打造小主厨

Chez Bogato

* 这里你可以订购豪华的生日大蛋糕。下单时，我们会忍不住吞下一块单人份小蛋糕。如果想成为糕点师，可以参加工作坊课程（服务对象可以是儿童、亲子或成人）。正确的组合：邀请孩子的朋友参加糕点工作坊课程（4岁以上儿童）。若要报名参加电视节目，竞选最佳糕点师，这是个不错的开端。

地址：7, rue Liancourt, 14e
电话：+33(0)1 40 47 03 51

École Ritz-Escoffier

* 对于想扮演动画片《料理鼠王》中小老鼠雷米的孩子来说，什么是最好的礼物？当然是丽兹酒店里埃科菲学校的烹饪课程啦。小厨师们（6～11岁，由一名家长陪同）将换上主厨装，根据方案选择制作一道料理（方案在网页可查看）。保证他们还想再来！

地址：15, place Vendôme, 1er
电话：+33(0)1 43 16 30 50

Le BON MARCHÉ 百货的购物好方案

这家百货公司近来对它的儿童专区进行了重新设计，无疑是巴黎最时尚的儿童商品区之一。这里混合了众多经典和潮流品牌，你定能找到你心仪的东西。额外的奖励？每周三、周六和周日，这里的儿童看管服务让你可以轻松尽享一两个小时的自由购物。最考验人的是购物完毕别忘了接回小家伙。请在planyo网站上预约此项服务。

如何培养小小巴黎人?

困在城市里，巴黎人极其缺乏绿意。然而在多种多样的活动方面，他们非常幸运。在参观博物馆、有趣的城市游览和工作坊活动之间，他们拥有众多触手可及的娱乐活动。

parisdenfants

→提供创意十足的博物馆之行或者巴黎市内的远游（有时以寻宝游戏的形式），5岁及以上儿童可以参加。活动趣味多多，你绝不会听到孩子会问：“什么时候才能离开博物馆”，或者“我走不下去了，我要搭地铁！”

如何找到工作坊

→如果你还没有孩子，却想扮魔法保姆（Mary Poppins），很难知道如何照顾好他们。atelierenfant网站可以解救你：它按照区域和孩子的年龄划分推荐一些工作坊供选择。同样也有些工作坊可以举办生日聚会。真是棒极了！

在博物馆学习

→一些博物馆有专为吸引儿童而设计的指南。在游览之前，可以在卢浮宫网站上下载一个非常有趣的游戏观光路线。奥赛博物馆有专门服务儿童的网站petitsmo，可以线上注册参加工作坊活动。每个周末和学校放假期间，路易·威登基金会都会面向3~5岁（由一位家长陪同）儿童组织15分钟的迷你故事游览，也有面向6~10岁儿童的工作坊活动。

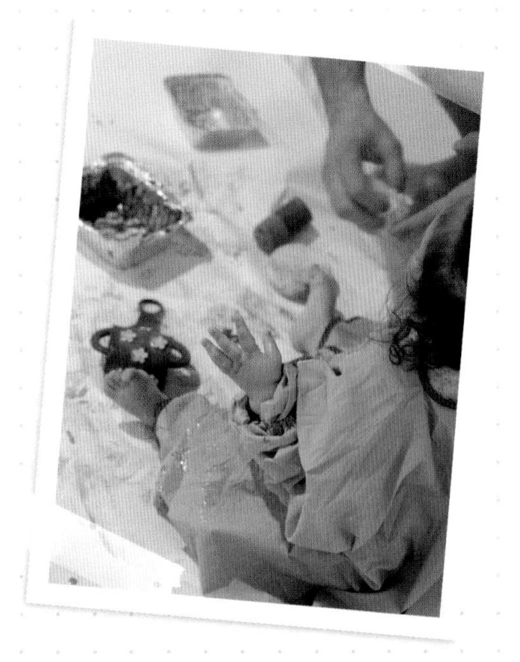

★ 东京宫（Palais de Tokyo）

这个当代博物馆没有永久藏品，不过这里的展览特别有趣。带孩子时，我们总会去参加Tok-Tok工作坊活动。孩子们参观了展览之后，再根据他刚探索的世界创作自己的作品。

地址：13, avenue du Président Wilson, 15e
电话：+33(0)1 47 23 54 01

★ 罗丹博物馆（musée Rodin）的用餐区

这是夏天与孩子享受午餐的最佳之处。他们置身于一片绿色之中，同样也被知名雕塑作品环绕着。无需用心，自然地接受文化熏陶，这是“小小巴黎人”的态度。

地址：77, rue de Varenne, 7e
电话：+33(0)1 44 18 61 10

★ 国家自然历史博物馆（Muséum national d'Histoire naturelle）和巴黎植物园里的动物园（ménagerie du Jardin des plantes）

每个巴黎儿童都至少来过这里一次（经常和学校的班级一起来），欣赏进化展览厅里的各种动物标本。若天气好些，可以去位于巴黎植物园中的动物园，这是欧洲历史最悠久的动物园之一。在动物园快关门时，众多的家长们必然经历过，费尽力气才能把孩子们从猴园扯走的情景。必览场所：四个热带温室！

地址：36, rue Geoffroy Saint-Hilaire, 5e
电话：+33(0)1 40 79 54 79

让他们置身绿色之中

卢森堡公园
(Jardin du Luxembourg)

塞纳河左岸的孩子最爱的公园。很遗憾这里只有一小片草地可以野餐。不过幸好仍有很多其他活动可以做。让孩子可以畅玩一下午，晚间早点睡的理想出游路线：

→从参议院（Sénat）前的喷泉池开始：先租一艘小帆船，可以在池边用棍子操控行驶方向，观察水中的鸭子。

→前往秋千处（在网球场边上）。把孩子们放在秋千上，推着他们荡秋千。

→用尽了力气，该放松了。来吧，在木偶剧场旁的餐饮吧吃点可丽饼。或者在La Table du Luxembourg（就在旁边）的露台上享用一顿真正的美味午餐。

→到室内观赏一场卢森堡木偶剧院场的演出（尤其是冬季雨天），这个老式的剧场，将给孩子们留下终生难忘的回忆。

→出了剧场，可以在出口处的旋转木马上坐一圈。孩子们在木马上也不会闲着：他们必须用一根小杆子，挑住“旋转木马先生”握着的铁环。

→最后骑着小马绕一圈结束这美好的一天（在Guynemer入口处对面的小路上）。这么多项游玩活动之后，我保证你自己可以度过一个平静的晚上……除非经过这么行程满满的一天，你也像孩子一样筋疲力尽。

杜乐丽花园
(Jardin des Tuileries)

如果你的孩子是那种精力旺盛得总在床上蹦来蹦去的类型，把他们带到杜乐丽花园吧，这里有八个大型蹦床，可以让他们大施拳脚，飞离地面。比坐在旋转木马上有趣多了。

肖蒙山丘公园(Parc des Buttes Chaumont)

对于我来说，从第14区前往第19区的这个公园需要花费一番力气。但是从这个绵延起伏的公园可以把巴黎的美景尽收眼底。正如卢森堡公园一样，这里也有游戏、Guignol剧场和可骑行的小马。让孩子真正着迷的是什么呢？内藏钟乳石的洞穴、瀑布、人行天桥和吊桥。而且，还可以在草地上野餐，绝对很值得花上一张地铁票前来！

卡特琳·拉布瑞公园(Jardin Catherine Labouré)

这个公园隐在高墙之后，因此从街道上无法注意到它。这是巴黎少见的可以在草地上漫步的花园之一。若想来一顿格调高的野餐，可以去不远处的Grande Épicerie采购些食物。这是内行人才知道的公园，绝对不可能不经意被发现。

地址：29, rue de Babylone, 7^{e}

埃菲尔铁塔(Tour Eiffel)

不可错过的景点！在景点的网站上订票，就不用像游客一样排着长队等待，或者也可以爬楼梯登塔。

对于热爱动物的孩子

巴黎文森动物园(Le parc Zoologique de Paris)

这里约有180个种类，超过2000只动物，是一个规模足够庞大的动物园，让人可以从非洲生物带遍游到巴塔哥尼亚生物带。准备好攻略，提前登记线上工作坊活动——如体验见习动物管理员。注意：可以在网上为开启的观光之旅下载游戏活动手册。

地址：Croisement avenue Daumesnil and route de la Ceinture du Lac, 12^{e}

采买儿童用品

SMALLABLE

在这个家族经营的概念店中（时尚、设计、玩具）购物，不太可能一无所获，它汇集了最时尚的婴幼儿品牌的商品，而且品位绝佳。这里是为新生儿挑选礼物的理想之地。我最爱的品牌是Numéro 74，这是一个由一对表姐妹创立的西班牙品牌，她们一个是意大利人，一个是法国人，仅这一点就让我兴趣倍增。如果我再告诉你品牌的产品完全是由泰国的一个自营社区的妇女团体制作，你定会理解这个品牌为何让我如此着迷。从裙子到窗帘，再到背包，一切都是由有机棉制成。店里甚至还有一个女士产品系列。简而言之，光是这家已有十年之久的概念店，我就可以写一本书！最近，原店的对面又开了一家小店铺，专营婴儿用品和育儿物品。

地址：81–82, rue du Cherche-Midi, 6
电话：+33(0)1 40 46 01 15

WOMB

WOMB意指World of my baby，这家概念店是父母的理想之选。位于Le Sentier区的中心，店里售卖新生儿所需的物品（婴儿推车、连身衣甚至墙纸），也有一些来自不错的品牌的服装和玩具（Arsène et les pipelettes、Jojo Factory、Emile et Ida）。店内为顾客提供创建新生婴儿必备品清单的服务（线上也可以获得此项服务）。

地址：93, rue de Réaumur, 2ᵉ
电话：+33(0)1 42 36 36 37

BONPOINT

来到Bonpoint，你不会空手而归，尤其是踏进位于Tournon街上的这家店，一定会在这个极为美丽精致的地方寻获到让自己满意的物品。无论婴儿服饰、女童服饰还是男童服饰，无一不是品位绝佳：色彩丰富艳丽，印花细腻精美（他们那有名的Liberty印花），剪裁“简约时髦”。冬季，赶紧入手羽绒服；夏季，刺绣连衣裙和小男孩衬衫让人着迷不已。婴儿可用的香水是现成的新生儿礼物（更不用提所有的妈妈也爱用她们宝贝的香水）。底层是餐厅La Guinguette d'Angèle，菜品非常健康，所以值得强烈推荐。

地址：6, rue de Tournon, 6e
电话：+33(0)1 40 51 98 20

Louis Louise

波西米亚风格和民族风情的印花赋予Louis Louise一种疯狂迷人的魅力。品牌的设计师熟知如何让裙装可爱却不矫揉造作。这样的店铺让我深感遗憾，我的女儿们已经不是孩童了。

地址：83, rue du Cherche-Midi, 6e
地址：63, rue de Turenne, 3e
电话：+33(0)9 80 63 85 95

Pom d'Api

这个品牌拥有一百多年的制鞋经验，自1870年以来，就为全法国和世界各地的儿童制作鞋子。这个品牌的鞋子品质精良，是宝宝迈出第一步的首选装备。Plagette是凉鞋明星款，所有巴黎小女童必备一双。每一季，他们都会推出多种新款式。Pom d'Api还推出Collection Originale系列，按客户需求可以更换不同鞋款上的配饰，符合当下“我打造自己的穿着”的潮流。

地址：13, rue du Jour, 1er
电话：+33(0)1 42 36 08 87
地址：28, rue du Four, 6e
电话：+33(0)1 45 48 39 31

Baudou

尽管店名更改过，已经看不出来，但是这家店仍售卖Bonpoint的家具。如果不想孩子的房间充斥着庸俗的装饰，这里是最佳选择。颜色柔和，没有多余的装饰。这也是寻获简约的藤编摇篮、线条利落的床架以及北极熊灯的理想之地。此外，家中若没有空间来添置一件家具，那么带走一个毛绒玩具吧——它们是那么令人难以抗拒！

地址：7, rue de Solferino, 7e
电话：+33(0)1 45 55 42 79

儿童时尚

为孩子打扮的三个守则：

→避免混搭炫目的印花，孩子年纪小并不意味着要把他们打扮得像个小丑。

→别犹豫，让孩子尝试全身整套黑色的装扮，这样打扮有个好处，不容易弄脏衣服。若你仍想让孩子的打扮显得活泼些，给他们穿上彩色的鞋子、围巾或者大衣。这就是风格的精髓，即使超过十岁也适用。

→让孩子经常自己选择一件服装，这样才不会引起他们的“时尚叛逆”。如果您的儿子仍要穿印有他喜欢的角色的荧光橙T恤，或是您的女儿坚持想要穿粉红色芭蕾舞裙出去，这样是很糟糕。但是，谁年轻时不会犯些错误呢？

Bonton

如果想给孩子挑些简约又易穿的服装，这里是个不错的选择。塑造风格的秘诀是什么？用一点点的波西米亚风，精致的面辅料，不过分鲜艳的色彩。在本书的第一版中，我们希望Bonton能推出成人系列服饰产品，现在这个愿望得以实现，已有专为女性打造的系列。在这个概念店里，孩子们将会找到许多有趣的东西来装扮他们的房间。在第三区的Bonton中，还有专门的“美发师”，专为孩子们理发（需提前在网上预约）。

地址：5, boulevard des Filles-du-Calvaire, 3e
电话：+33(0)1 42 72 34 69
地址：82, rue de Grenelle, 7e
电话：+33(0)1 44 39 09 20

IE

“ie”是个来源于日语的词汇，意指住家。创始之初，专营居家空间的装饰品，因此这个名字显得很合理，但随后店铺专注的领域发生了改变，当下售卖自己品牌推出的服装（从新生儿直到8岁儿童）。款式非常可爱，服饰全部是在印度生产，产品采用天然材料制造，织造和印花全是手工完成，是符合可持续理念的服装！在店铺美丽的环境中（和品牌主页上），可以找到迷人独特的织物（按米销售）。还能看到来自印度、日本或者其他地方的多种精选之物。

地址: 128, rue Vieille-du-Temple, 3e
电话: +33(0)1 44 59 87 72

Bass

儿童木制玩具和铸铁玩具店总是充满奇思。Bass的木制玩具虽然是全新的，但灵感来自旧式玩具。在电子游戏盛行的年代，这种坚持古旧的做法却异常流行起来。我们超迷这里需要上发条才可以动起来的铁质玩具，如旋转木马、机器人和大象。

地址: 8, rue de l'Abbé-de-l'Epée, 5e
电话: +33(0)1 43 25 97 01

La Mouette Rieuse

一踏进这家布满书籍的文化概念店，就会预感到将在此消遣一些时间。入口处，全是介绍巴黎的书籍［从巴黎最佳餐厅指南到纪实大师布列松（Henri Cartier-Bresson）的摄影集］。二楼是儿童书籍专区，这些超级可爱书籍的出版物在别处并不常见。如果还想好好休息一下，在书店最里面还有一个带小院子的咖啡店。

地址：17 bis, rue Pavée, 4ᵉ
电话：+33(0)1 43 70 34 74

Le Petit Souk

要准备新生儿礼物时，来这里吧，挑选那些有趣不乏味的婴儿用品和服饰，尤其是小兔子形的夜灯和趣味面料缝制的连身衣。另外，这里还有各种装饰物和文具（永远不会嫌笔记本太多）。

地址：17, rue Vavin, 6ᵉ
电话：+33(0)1 42 02 23 71

Chantelivre

一个儿童书籍的殿堂。它的橱窗总是充满无数的创意和巧思，这是一个让所有孩子都有阅读欲望的书店，这点确实做得很棒。更不用说Chantelivre书商可以向你介绍任何一本书的内容，也可以给你推荐书籍适合的阅读人群。店里也有成人书籍专区，尽是当下新出版的书籍。你或许可能在此发现我的书呢……

地址：13, rue de Sèvres, 6ᵉ
电话：+33(0)1 45 48 87 90

Milk on the Rocks

独特的细节设计、摇滚风印花、令人惊讶的色彩、舒适的材质，Milk on the Rocks的服装不仅父母们喜欢，更赢得孩子们的喜爱。还有一个好处，逛这个店铺时可以把孩子带上，因为店中有各种小玩意能让他们玩得不亦乐乎。

地址：7, rue de Mézières, 6^e^
电话：+33(0)1 45 49 19 84

Agnès b. Enfants

如果想让孩子们穿黑色系，这个品牌是理想的选择。Agnès是敢于让孩子们穿上黑色的首批设计师之一。我要为她的风格鼓掌。

地址：2, rue du Jour, 1er
电话：+33(0)1 40 13 91 27

Pain d'Épices

位于典型拱廊中的独特之地，这个传统玩具店犹如娃娃屋的天堂：有各种大小的娃娃屋，装扮它们的一切小家具也应有尽有。例如，洗漱用品、棋盘蛋糕，甚至微型大富翁棋盘游戏。如果想送一份非常个性化的礼物，我会挑一个木质展示盒，盒中放上表现收礼人个性的小物品：如果喜欢修修整整，那么放上一个小电钻；如果是时髦女孩，就送一件玩偶的裙子。这让小装饰物趣味十足。

地址：29–33, passage Jouffroy, 9^e^
电话：+33(0)1 47 70 08 68

Finger in the Nose

印花T恤、牛仔裤、柔软的运动衫、羽绒服和运动大衣，Finger in the Nose 把儿童衣橱的必备基本款进行重新演绎，有趣且潮味十足。

地址：45, avenue de Trudaine, 9e
电话：+33(0)1 42 06 40 19
地址：11, rue de l'Echaudé, 6e
电话：+33(0)9 83 01 76 75

Marie Puce

如果你想要Liberty印花布的婴儿裙装，来这里就对了。Marie Puce还有Minnetonka靴子和Salt Water Original凉鞋，这些在别处可不容易找到。

地址：60, rue du Cherche-Midi, 6
电话：+33(0)1 45 48 30 09

线上儿童用品店

ovale

→提供奢华的新生儿礼物，如纯银拨浪鼓。宝宝长大后，它还可以转变成钥匙环，继续使用。

aliceaparis

→纯天然材质，款式简单利落，实惠的价格，这三点尤为吸引我。

maisonette

→巴黎女人还喜欢让她们的孩子穿上一些不是处处可见品牌的衣服。寻获这些稀有之物的地方：Maisonette，一家提供高端品牌精选之品的线上店铺，联名合作系列也非常吸引人。这个线上店铺也有自己的品牌——Maison Me，很受那些沉迷于有型且实用的儿童服饰的巴黎女人的欢迎。

舌尖上的巴黎

时尚流行不是巴黎女人生活的全部！在一个装饰讲究的餐厅边品味美食边谈论人生带来的愉悦感，不亚于从一个年轻设计师那买到一件首饰。无论是巴黎风小酒馆、必须提前预订座位的时尚餐厅，还是可以欣赏到埃菲尔铁塔景观的座位，这里的餐厅名单全都能让你成为有品位的当地人。

非常巴黎

La Poule au Pot

题外之语

“菲力牛肉和黑森林蛋糕……明天我要去跑步了。”

不可不知

✱ 不到一年时间，这家由大厨Jean-François Piège接管的位于Halles的明星餐厅已经获得了米其林一星。这就是我们称为“优裕实惠”的美食，正如风格所暗示的那样，分量慷慨大方。

必点品

✱ 到了这里，要勇敢尝试青蛙腿（非常法式……）和小羊腿，甜点则配上冰霜草莓覆盆子和白乳酪冰糕。

地址：9, rue Vauvilliers, 1er
电话：+33(0)1 42 36 32 96

Chez Georges

不可不知

★这里，什么都保持原样，尤其是菜单。肠包肚、蛋黄酱芹菜根沙拉、油煎鲱鱼土豆和泡芙，始终都有，真让人欢喜。

必点品

★经典的芥末奶油酱牛排（pavé du Mail），胡椒调味的大块牛肉佐以薯条。

地址：1, rue du Mail, 2^e^
电话：+33(0)1 42 60 07 11

题外之语

“到这里用餐时千万别打扮成复古风，会让人觉得你仿佛在此待了一生！”

Le Cette

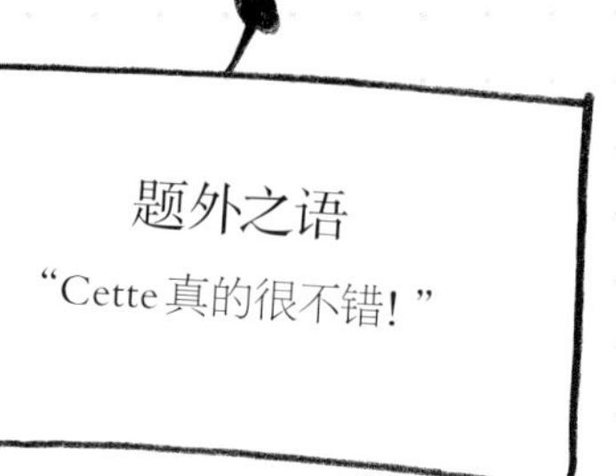

题外之语

“Cette真的很不错！”

不可不知

★这是一家令男人和女人同样喜欢的餐厅。主厨是日本人，所以我们从他烹制的精致菜品中能感受到他对日本文化的回忆。我是在最近搬家后才发现这家迷人的小酒馆，气氛温馨，简单美味。而且店主非常亲切迷人。

必点品

★精致的前菜、鱼料理和甜点……一切都美味极了！菜单经常更换，所以很难推荐确定的菜品。

地址：7, rue Campagne-Première, 14
电话：+33(0)1 43 21 05 47

Chartier Montparnasse

题外之语

“午饭才花了我15欧元，接下来我可以在周围好好逛逛了。”

不可不知

✱ 正如广受欢迎的Bouillon Pigalle，大家都是奔着美味又平价的美食而来这里。

必点品

✱ 烤鸡和香缇奶油泡芙。

地址: 59, boulevard du Montparnasse, 6
电话: +33(0)1 45 49 19 00

Le Café de Flore

花神精神

花神咖啡馆（Le Flore）与巴黎紧密相连，几乎是公认的陈词老调了。这里也是圣日耳曼·德·普雷区的中心，因此代表着此区精神。它让人想起让-保罗·萨特（Jean-Paul Sartre）和存在主义，弗朗索瓦兹·萨冈（Françoise Sagan）、鲍里斯·维昂（Boris Vian）和迈尔斯·戴维斯（Miles Davis），但更重要的是它表达了一种法国精神：反叛、挑战、乐观、慷慨、反常规。常常是左派人士的聚会点，正如它所处的位置（位于左岸）暗示的一样。

花神咖啡的相悖之处

→ 我们可以在此寻觅到一个安静之处（尤其在三楼），**但是**又会遇到一堆认识的人。

→ 这是一个现代化的场所，**但是**内部装饰布景却是旧式风格。

→ 这是一个餐厅，**但是**可以只为享受一杯咖啡而来。

→ 这里氛围温馨，**但是**空间却又非常开阔。

→ 这里不墨守成规，**但**又非常经典。

→ 在这里会碰到作家弗雷德里克·贝格伯德（Frédéric Beigbeder，正是他在此设立了文学奖——花神奖），导演史蒂文·斯皮尔伯格（Steven Spielberg），演员黛安·克鲁格（Diane Kruger），歌手兼演员阿丽尔·朵巴丝勒（Arielle Dombasle），女导演索菲亚·科波拉（Sofia Coppola），或是律师兼前部长乔治·基耶曼（Georges Kiejman），**但是**也会碰到许多时尚人士……和我！

> **题外之语**
>
> “上次的花神文学奖典礼你去了吗？啊，没有收到邀请？太遗憾了！”

什么时候去最佳？

✱ 周末可以在此吃午餐。当不确定你们的聚会将有多少人参加时，这里是个不错的会面之地。在这同样适合与女性好友一起吃个午饭，或是与爱人或朋友们相约共进晚餐……总而言之，一直生活在花神都不厌倦！

在哪儿入座？

✱ 从左边进入，靠近收银处，是常客的座位。如果想要更安静且明亮一点的地方，可以去楼上。但无论坐在哪儿，都能感受到收银员友善默契的目光，以及忙碌的侍者们亲切幽默的服务态度。花神咖啡馆里愉悦的氛围由总监Miroslav Siljegovic一手打造。

必点品

→ 科莱特沙拉（la salade Colette），配以葡萄柚、生菜心和牛油果。

→ 未过分煮熟的鸡蛋。

→ 威尔士兔子（以切达乳酪、啤酒和吐司制成的特色菜），可以马上赶走饥饿感，很久都不会饿。

→ 花神（店内自制三明治）。

→ 四季豆沙拉（看起来普通的菜品，但四季豆脆得刚好）。

→ 混合香缇鲜奶油的热巧克力，或烈日巧克力（chocolat liégeois）。

穿着规范

✱ 需要遵从左岸特有的“简约时髦”式优雅（如牛仔裤、男款休闲西服和芭蕾平底鞋）。我的建议：避免穿红色（店内长椅的颜色），否则将会和环境融为一体。

地址：172, boulevard Saint-Germain, 6e
每天上午7点至凌晨2点营业
电话：+33(0)1 45 48 55 26

Le Bon Saint Pourçain

题外之语

“我第一次是从詹姆斯·艾尔罗伊（James Ellroy）的小说中得知这个地方。”

不可不知

✱ 这一直是我最喜欢的餐厅。一个体现典型首都精神的巴黎人爱去的场所。后被David Lanher收购，他经营手段高明，旗下还有Racines、Caffè Stern和Noglu（无麸质餐厅和美食店）三个餐厅。这里的用餐氛围很欢快愉悦，由Mathieu Techer掌勺的料理让人欲罢不能。

必点品

✱ 酸醋沙司韭葱和煎黄香李（好吧，如果在节食就点这些。否则还有其他许多更有营养的菜品）。

地址：10 bis, rue Servandoni, 6
电话：+33(0)1 42 01 78 24

Le Salon du Cinéma Panthéon

题外之语

“快看，凯瑟琳·德纳芙就在你后面！”

不可不知

✱ 位于Panthéon电影院（全巴黎历史最悠久的电影院之一）的一楼，此处是与友人一起共进午餐或是喝下午茶的理想之地（于晚间7点关门）。

必点品

✱ 沙拉、伊比利亚火腿、有机鲑鱼、新鲜又美味。

地址：13, rue Victor-Cousin, 6e
电话：+33(0)1 56 24 88 80

Chez Paul

不可不知

✱ 这家餐厅坐落于非常可爱的多芬广场（Place Dauphine），拥有非常典型的内部装饰，犹如剧场布景。

必点品

✱ 略带甜咸口味的鸭肉片（canard en aiguillettes）。

地址：5, place Dauphine, 1er
电话：+33(0)1 43 54 21 48

题外之语

“曾住在隔壁的伊夫·蒙德（Yves Montand）常常来这里进餐。”

Le Petit Lutétia

题外之语

“太好了，我在Le Petit Lutétia预定到了座位……虽然晚上7点就要到那儿，但已经很不错了，对吧？”

不可不知

这个小酒馆据称吸引了全巴黎最优雅的客人……我不会这么说，因为我自己也是常客……好吧，这里或许有点吵，但也是气氛热烈活跃所致。酒馆经理Christophe极为热情友善。注意，一定要提前预订座位，否则就会错失品尝帝王蟹牛油果生菜沙拉或鞑靼料理（le tartare brasserie）的机会，这两样皆是小酒馆的必点菜品。

必点品

“去你的”牛排（putain d'entrecote），菜单上是如此写的，还有可以分享的巧克力慕斯。

地址：107, rue de Sèvres, 6e
电话：+33(0)1 45 48 33 53

La Laiterie Sainte-Clotilde

不可不知

这是一家街坊餐厅，人们远道而来，就是为了品尝店主Jean- Baptiste推出的超级新鲜且精致的菜肴。

必点品

菜单定期更换，有一点始终如一：不会有太油腻厚重的菜品。在这里总是吃得美味又健康。即使是鹅肝和腹肉牛排，也不会让人有不健康的感觉。至于蜜饯姜汁凤梨（l'ananas au gingembre confit），留您自行品尝评判。

地址：64, rue de Bellechasse, 7e
电话：+33(0)1 45 51 74 61

题外之语

“虽然店名叫乳品店（Laiterie），但是有一些非常好的肉品。”

Café Verlet

题外之语

“这是第一家自己焙炒咖啡豆并提供咖啡的店，一切从源头开始。”

不可不知

Verlet是最早全手工焙炒咖啡豆的咖啡店，它赋予了法式风味咖啡生命力。咖啡爱好者可以到店内品尝或者外带三十多种咖啡，以及四十多种世界各地最好的茶。

必点品

一杯咖啡或茶，配上店内自制的甜点，如千层糕。

地址：256, rue Saint-Honoré, 1er
电话：+33(0)1 42 60 67 39

Bouillon Pigalle

题外之语

“我买了*Bouillon*这本书，书中展示了他们的食谱。我可以每天都吃到他们的巧克力泡芙了。”

不可不知

不要在饥肠辘辘时前往Bouillon Pigalle，因为那里不能订位，而且餐厅那么火爆（相比菜肴的品质，价格其实不算贵），餐厅门口很快会排起长长的队伍。营业时间是每天从中午12点至午夜12点，而且只有300个座位。可以这么说，排到最后还是得和朋友失望而归。

必点品

美乃滋鸡蛋、黄油焗蜗牛、香肠炒扁豆、法式白炖小牛肉，没有比这更法式的料理了。至于甜点，一定要点巧克力泡芙，否则就不算彻底完整地体验了Bouillon的美食。

地址：22, boulevard de Clichy, 18
电话：+33(0)1 42 59 69 31

La Fontaine de Mars

不可不知

* 天气好时，我们喜欢来这个小酒馆的露天座享受阳光。

必点品

* 一周的每一天都推出一道当日特有的菜品。周五是烤散养鸡和土豆泥。菜单上也有蜗牛和非常美味的鸭胸肉。我仅透露一次这个秘密，但你们别说出去：轻度焦糖化的漂浮之岛是世界上最美味的甜点。

地址：129, rue Saint-Dominique, 7e
电话：+33(0)1 47 05 46 44

> 题外之语
> "我要点米歇尔·奥巴马曾在这里品尝过的菜品！"

La Closerie des Lilas

> 题外之语
> "海明威经常来此，我也是。"

不可不知

* 自19世纪末期起，La Closerie des Lilas就一直是蒙帕纳斯（Montparnasse）标志性的餐厅。从埃米尔·左拉（Émile Zola）到保罗·塞尚（Paul Cézanne），从阿波利奈尔（Apollinaire）到安德烈·布雷顿（André Breton），还有莫迪利亚尼（Modigliani），毕加索，让-保罗·萨特（Jean-Paul Sartre），奥斯卡·王尔德（Oscar Wilde）甚至曼·雷（Man Ray），整个文艺圈都曾在Closerie喝过咖啡或吃过晚餐。餐厅区非常时髦，小酒馆则消费适中。在入口处与提供去壳服务的海鲜商贩咨询海鲜菜品后，我会前往小酒馆。

必点品

* 鞑靼牛排是餐厅的必点菜品……还有其他菜品，因为一切都很美味！

地址：171, boulevard du Montparnasse, 6e
电话：+33(0)1 40 51 34 50

Le Petit Célestin

不可不知

体现了“巴黎独有”的氛围，坐落于塞纳河岸，是一家老式的小酒馆餐厅。而且这是一个尤为迷人的地方。夏季，户外露天的餐位让整体环境更加有气氛。

必点品

所有菜品简单又美味，从布拉塔小番茄沙拉到鞑靼金枪鱼都很好吃。

地址：12, quai des Célestins, 4e
电话：+33(0)1 42 72 20 81

题外之语
“这才叫巴黎！”

La Calèche

题外之语
“这里是画廊经营者新的聚会场所。”

不可不知

这是一家新开（2019年）的餐厅，位于以古董店而闻名的街区。现在我们知道逛街买完家具之后到哪儿吃午餐或者晚餐了。

必点品

这家餐厅如La Laiterie Sainte-Clotilde一样，也归Jean-Baptiste所有。我们可以点菜单上的任一菜品，每样都很美味。我要告诉你，散养生牛肉片吸引了大量食客。

地址：8, rue de Lille, 7e
电话：+33(0)1 40 20 94 21

Bouillon Julien

不可不知

如果你不是法国人，想要看看影片中出现的或者我们对巴黎已有印象中的场景，那么一定要预定这家餐厅（可以线上预定）。无论餐厅内部装饰还是菜单都给人一种仿佛置身卡通电影《料理鼠王》之感。对于巴黎人来说，这里是招待国外客人的必来之地。建筑风格是非常地道的巴黎风，和所有的小餐馆一样，价格很亲民。

题外之语

“伊迪丝·琵雅芙（Édith Piaf）曾经常来这里与她的情人拳击手马瑟尔·塞丹（Marcel Cerdan）相会。”

必点品

要点一份“朱里安汤”（Bouillon Julien），包含牛肉汤、珍珠面、牛肩肉、姜和柠檬香茅，再配上现炸薯条和漂浮岛。

地址：16, rue du Faubourg Saint-Denis, 10ᵉ
电话：+33(0)1 47 70 12 06

还有

Le Charlot

我住在左岸，所以很显然附近有许多不错的餐厅都可以去。但是当我在马莱区（Marais）的时候，我喜欢光顾Le Charlot，这里的侍者满面笑容，服务很灵活，而且当你和需要节食的女性友人一起来此用餐，希望菜品不放酱汁，水果不加糖，他们也能满足。

地址：38, rue de Bretagne, 3^{e}
电话：+33(0)1 44 54 03 30

Le Sélect

这是位于蒙帕纳斯的一家餐厅，是晨间喝杯咖啡或者白天小酌的完美选择。而且餐点也非常棒（啊，Croque Select三明治）。

地址：99, boulevard du Montparnasse, 14^{e}
电话：+33(0)1 45 48 38 24

Lapérouse

这家餐厅近来又重新营业，所有人都在谈论。我一直没能空出时间去体验，但是我相信主厨Jean-Pierre Vigato 和Christophe Michalak的手艺。19世纪时，波德莱尔（Baudelaire）、佐拉（Zola）、莫泊桑（Maupassant）、普鲁斯特（Proust）、儒勒·凡尔纳（Jules Verne）等名人经常光顾此地。餐厅仍保持着这种柔和的氛围，尤其是私密性极佳的私人沙龙，没有人知道谁在里面……

地址：51, quai des Grands-Augustins, 6^{e}
电话：+33(0)1 43 26 68 04

欣赏埃菲尔铁塔

Girafe

这里，你可以近距离欣赏到写实主义画家居斯塔夫（Gustave）的杰作，它映入眼帘，画面宏伟壮丽。这个餐厅是招待来巴黎游玩的国外朋友的理想之地。优美的就餐环境会让他们印象深刻。而且菜肴用优质食材烹饪，美味卓绝。Girafe主要以鱼类料理为主，还有牡蛎、鱼子酱和海鲜。不过对于“肉食主义者”或“素食主义者”来说，这里也有其他菜肴可选。1930年代的装饰风格非常成功。无须赘述，一定要提前预订座位。

Palais de Chaillot
地址：1, place du Trocadéro, 16^e
电话：+33(0)1 40 62 70 61

La Perruche

这里又被称为“空中花园”，因为这个餐厅位于春天百货顶层的露台上（购物后来这里用餐非常方便）。每天早上9点35分营业至次日凌晨2点，因此让人有充裕的时间到此欣赏铁塔景观。虽然是从远处观景，但是铁塔矗立在那，显然已经与整个巴黎融为一体。至于菜品，虽然简单，但总让人想每道菜都品尝一下。

Printemps de l’Homme
地址：2, rue du Havre, 18^e
电话：+33(0)1 40 34 01 23

非常时髦

Le Piaf

如果与朋友晚上聚餐，希望用餐氛围绝佳，那么选择这里一定不会错。晚上8点左右到达，与友人小聊片刻再点餐（这是一家重温法式经典菜肴的料理店）。接着你会与友人在不知不觉中随着酒吧钢琴师弹奏的旋律放开嗓子唱起来，他们演奏的全是人人耳熟能详的曲目，给人留下一个难忘的夜晚。这让我想起我还没有孩子……或工作时，曾度过的那些疯狂的夜晚（周四到周六营业，直至凌晨5点才打烊）！

地址：38, rue Jean-Mermoz, 8^{e}
电话：+33(0)1 47 42 64 10

Clover Grill

想要点口味绝佳的优质烤肉时，大家都知道Jean-François Piège定有好配方。Clover Grill餐厅内部装饰热情洋溢，这或许和它那极富装饰性的地毯有关。Jean-François的烹饪风格备受瞩目：所有的菜肴都不吝于用最好的食材，而且口味细腻丰富。这里非常适合带偏爱优质肉类菜肴的未婚夫来进餐（你可以随意地说："我相信这里有澳大利亚的黑市牛肉。"）。

地址：6, rue Bailleul, 1er
电话：+33(0)1 40 41 59 59

CoCo

我对这个名字有种偏爱，但是这家餐厅确实值得一去，因为它紧邻加尼叶歌剧院（Opéra Garnier），因此而定下了餐厅环境基调。更不用说本身内部装饰也很出色，仿佛置身于《了不起的盖茨比》（室内设计由Corinne Sachot 打造，植栽设计师是Thierry Boutemy）。天气好时，歌剧院中心的花园露天座非常宜人。餐盘里的所有食物都经过精心烹饪，令人垂涎欲滴。必尝品是什么？巧克力吉拿果。

地址：1, place Jacques-Rouché, 9^e^
电话：+33(0)1 42 68 86 80

Marigny, le Restaurant

餐厅位于马里尼剧院（théâtre Marigny）内，是观看演出之前或之后的理想用餐之处。如果想体验一把作为香榭丽舍大道游客的感觉，也可以来这里。Marigny是Jean-Louis Costes旗下的餐厅之一，料理的好品质众所周知，是奢华小酒馆风格。而且，人人都必定能在此找到心爱的菜品。每日营业，从早上9点到次日凌晨2点。

地址：10 bis, avenue des Champs-Élysées, 8^e^
电话：+33(0)1 86 64 06 40

La Société

这家餐厅似乎不热衷于出现在各种指南中。真可惜，它已经出现在本书的第一版中，我也将它列在另一本书*Les Parisiens*中。这次再次在本书中提及它，不仅因为它的位置绝佳（位于圣日耳曼教堂对面），而且在此用餐，从不会让人失望。

地址：4, place Saint-Germain-des-Prés, 6^e^
电话：+33(0)1 53 63 60 60

在公园里

La Table du Luxembourg 以及 La Terrasse de Madame

大家不一定会想得到，卢森堡公园中有一个吃午餐的绝妙地方，那就是La Table du Luxembourg。在巴黎最美丽树木的绿荫下，在有名的木偶剧场（Théâtrede de Marionnettes）旁，在鸟语声、孩子们的嬉闹声中用餐：仿佛在度假。这绝对是新奇的体验，并且食物很美味。强烈建议提前订位，可以线上预约。公园里还有一家名为“La Terrasse de Madame”的餐厅，同样也很不错。此外，如果没有时间坐下用餐，可以在柜台点餐带走。

地址：7, rue Guynemer, 6e
电话：+33(0)1 42 38 64 88
地址：218, rue de Médicis, 6e
电话：+33(0)1 42 01 17 96

Loulou

很长一段时间，杜乐丽花园（le jardin des Tuileries）中都没有一个值得大家驻足品尝的餐厅。自从有了Loulou，一切都变了。这个餐厅位于装饰艺术博物馆内（musée des Arts décoratifs），露天就餐桌位以卢浮宫为背景，位置极佳。可以在此享受到简单现代的餐点（半生熟金枪鱼，帕尔马干酪佐朝鲜蓟）。气氛非常好，既有游客又有巴黎人。我很喜欢这个地方，在此用餐让人感觉自己也接受了艺术的熏陶，因为可以说：“我要去装饰艺术博物馆吃午餐”，这消除了他人认为你可能在快餐店用过餐的想法。

地址：107, rue de Rivoli, 1er
电话：+33(0)1 42 60 41 96

好风格 才有好味道

前一段时间，我的朋友 Héloïse（很久之前，我和她曾共事过）设计出了一组概念礼盒，广受欢迎，以至于几天就销售一空。热爱烹饪的Héloïse创办了missmaggieskitchen网站，专售一些迷人的厨房小物品和食物，也有带有精美插图的食谱小册子。她才华横溢，美丽且慷慨。一部分销售利润捐给了Action Contre La Faim（反饥饿行动组织）。我不认为提起她是因为我们的书属于同一家出版社（她的书在2019年年底出版）：恰巧因为Flammarion选择了优秀的作者……

购物小憩

Bread & Roses

在第6区已经有一个Bread & Roses餐厅（地址：7, rue de Fleurus），因此当这家离我工作地方很近的餐厅在2010年开张后，自然成了我的新午餐食堂，现在仍是。乳蛋饼、新鲜的山羊乳酪面包塔，佐以西红柿和水牛芝士的千层派以及午间沙拉全都美味至极。有机谷物面包堪称珍馐。更不用提甜点（蒙布朗、乳酪蛋糕、千层派）。如果你想带点有机面包回办公室，可以到餐厅里面购买。健康的美味！

地址：25, rue Boissyd'Anglas, 8e
电话：+33(0)1 47 42 40 00

Café Citron

在柠檬树下午餐，是这个餐厅真实的场景。设计师Simon Porte Jacquemus构想出了这个创意，并与 Kaspia合作经营Café Citron。餐厅位于香榭丽舍大道上新的老佛爷百货内，它的料理充满阳光气息。从餐盘的选择到草编地毯再到菜单的设计，灵感皆来自设计师的故乡普罗旺斯。不只是设计师的创意让我很喜欢，身处巴黎却能感受到法国南部餐桌的氛围也让我超爱。

Galeries-Lafayette Champs-Élysées
地址：60, avenue des Champs-Élysées, 8e
电话：+33(0)1 83 65 61 08

美食拱廊街（GALERIE GOURMANDE）

如果你在找一个时髦的美食大厅，可以享用高品质的午餐和晚餐，那么Beaupassage（地址：53-57, rue de Grenelle, 7e）是个完美选择。美食业中的翘楚汇聚于此（Thierry Marx、Yannick Alléno、Anne-Sophie Pic、Pierre Hermé甚至还有Barthélémy乳酪店）。特别值得一提的是，自养自销的百年老店Alexandre Polmard，开在这里的餐厅可以被称为“时髦的牛棚”。

Ralph's

Ralph Lauren明智地选择在巴黎左岸，开设了他在欧洲最大的旗舰店。这栋源自17世纪的私人府邸完全用于展示美国最时尚的运动服饰之王的创作。亮点是什么？Ralph's餐厅那绿树成荫的庭院。虽然在巴黎，但是仍然能享受到蟹肉棒或汉堡美式料理。我之前说过：巴黎女人喜欢改变常规，来些混搭。

地址：173, boulevard Saint-Germain, 6ᵉ
电话：+33(0)1 44 77 76 00

吃货专属App

如果我推荐的这些餐厅仍不能满足你的胃口，那么有一款手机必备APP可以试一下，这款名为Fooding的手机应用软件，汇集并列出了巴黎所有最佳的餐厅（并包含那些既价格亲民又美味的餐厅）。Fooding榜上清单都是地道的巴黎人熟知的餐厅。

Claus

这家以丰富的早餐而闻名的餐厅，它的创办人曾从事于时尚领域。这里的午餐同样也很美味健康，用餐环境极为宜人舒适。餐厅的杂货专区售卖烹饪套件。注意，餐厅外常常会排着很长的队。

地址：2, rue Clément, 6ᵉ
地址：14, rue Jean-Jacques Rousseau, 1ᵉʳ
电话：+33(0)1 55 26 95 10

Le Drugstore

设计师Tom Dixon运用了经典啤酒屋装饰风格，但是又打破惯有的常规，开了这家店。主厨决定着餐单上的菜品，早上8点，所有人开始为营业做准备。在这里可以品尝到巴黎传奇的料理——火腿黄油三明治。供餐服务从中午一直持续到午夜，这点也非常巴黎。

地址：133, avenue des Champs-Élysées, 8ᵉ
电话：+33(0)1 44 43 75 07

晚安，巴黎

到巴黎在哪歇脚？显然，奢华酒店是不错的选择！丽兹酒店（Ritz）和克利翁酒店（Crillon）极少令人失望！但是若想体验下一些不错的小旅馆，也有很多选择。地理位置极佳（大多在左岸），装饰有特色，极富魅力。下面推荐巴黎的9个好住处。

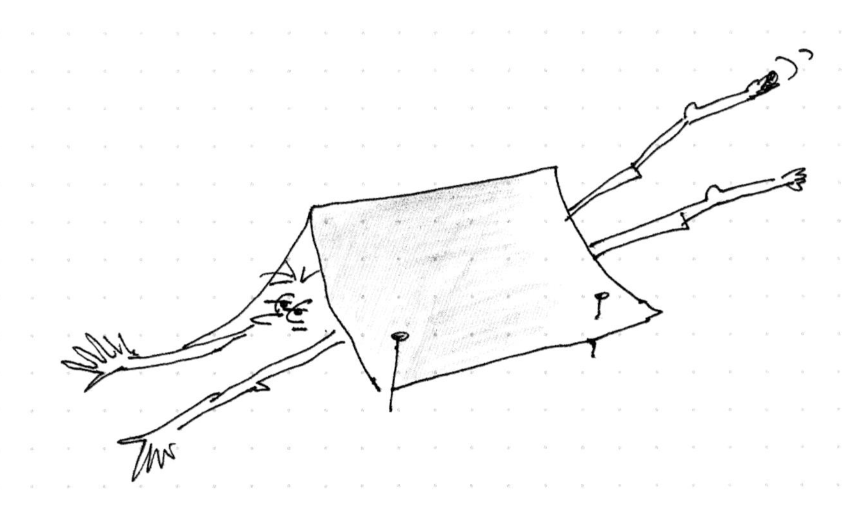

Hôtel national des Arts et Métiers

> 题外之语
>
> “不不不，酒店内的Ristorante National不是常规的餐厅，而是时髦的意式餐厅。”

氛围

环境私密，这家位于Marais和Montorgueil之间的四星酒店拥有一个视野极佳的露台，无任何遮挡，360° 观赏巴黎之景。“Happy hours”时明星还会来这里。

装饰

这家酒店的装饰尊重环保的理念，把重点放在材料的运用上：方石、水磨石、钢材、实木……

地址：243, rue Saint-Martin, 3e
电话：+33(0)1 80 97 22 80

Hôtel Bel Ami

氛围

除了设计感，还是设计感——但是带些柔和的气氛。礼宾服务效率极佳，他们能为你组织巴黎或者凡尔赛全家游。当结束一天的游览，疲惫地归来之后，酒店中还有SPA和桑拿。至于酒店的位置，如果你喜欢左岸，又想能轻松地到达右岸，这里正是完美之地。

题外之语

"去花神咖啡前我要先去蒸个桑拿。"

装饰

由艺术家打造的十分现代化的风格。四个楼层中有三层由室内设计师Pascal Allaman翻新设计，他借鉴书法和被Bel Ami取代的旧式印刷，致力于创造一种图形化的风格。

地址：7-11, rue Saint-Benoît, 6^e^
电话：+33(0)1 42 61 53 53

Hôtel Récamier

> 题外之语
>
> “别把这个酒店的地址告诉大家，要尽量保密哦。”

氛围

这家酒店地理位置优越，在圣叙尔比斯教堂（l'église Saint-Sulpice）旁，是巴黎保存最完好的秘密之一（嗯……因为这本书，它不再是秘密了……）。尽管位于一个很受欢迎的地方，但它没有暴露在大众视线之中。酒店正如所处之地（并非不惜一切代价追求名利），低调且富有魅力。此外，这里的接待很热情亲切。

装饰

每个房间都各不相同。内部装饰近期被精简改造过：米色一直是每个房间的主调，与不同房间内不同暗色调的色彩相配。

地址：3 bis, place Saint-Sulpice, 6^{e}
电话：+33(0)1 43 26 04 89

Villa Madame

氛围

奢华又不矫揉，低调，既现代又时髦，这家酒店位于第6区非常迷人的街道上。加分点？酒店的小花园。

装饰

浅色木材、异域情调的装饰品、米色、棕色、白色和淡紫色，虽然是基本的组合，却给设计风格带来一些温暖。从一些房间的露台还可以眺望巴黎房屋的顶部，但需要事先询问。

地址：44, rue Madame, 6^{e}
电话：+33(0)1 45 48 02 81

> 题外之语
>
> “别致而舒适——时髦！”

Villa d'Estrées

题外之语

“对于想表白爱意的人，这里有浪漫的服务。真方便！”

氛围

酒店本身非常棒，它的位置更是得天独厚。从这儿，你可以轻松遍游左岸和右岸。客房服务直至晚间11点30分，连通房可以容纳五个人。

装饰

尤为经典。简单柔和的色彩适合所有人。一些房间虽然贴了条纹壁纸，但是风格特别沉稳。

地址：17, rue Git-le-Coeur, 6^{e}
电话：+33(0)1 55 42 71 11

Le Brach

装饰

由Philippe Starck设计。建在一个7000平方米，曾是20世纪70年代的邮政分拣中心的广阔区域上。在这里，1930年代的建筑风格与现代主义、包豪斯、达达主义和超现实主义相融合。独特的装饰品和艺术品，让人置身于热情的氛围之中。

题外之语

“我要去房顶看看母鸡。”

氛围

这是第16区唯一一家风格时髦的旅馆，这类风格我们经常在巴黎中心或者东部的酒店见到。这是新兴起的旅店，证明了第16区已变得很“潮”。入住的人喜欢说这不是一家旅馆，而是生活与文化体验之地。此外，旅馆的屋顶上有个小菜园，还养着三只下蛋母鸡。

地址：1-7, rue Jean-Richepin, 16ᵉ
电话：+33(0)1 44 30 10 00

L'Hôtel

题外之语

“艺术感、人文气息、华丽且兼具摇滚气质，它让所有人着迷！”

氛围

一进入我们能立即发现这是一个有故事的酒店。它曾是王后Margot的住处。自从最近的改装之后，这里成为时尚界人士最爱之地。不要错过酒店的餐厅，名字就是简简单单的“餐厅”。还有拱穹下的游泳池，仅供房客使用。

装饰

由Jacques Garcia打造，因此运用了大量的红丝绒元素、旧式家具、金色支架落地灯、图案墙纸、丰富精美的织物，具有热情洋溢的古典风格。最大套房的露台，可以眺望巴黎建筑的顶部，景观绝佳。

地址：13, rue des Beaux-Arts, 6e
电话：+33(0)1 44 41 99 00

Hôtel de l'Abbaye Saint-Germain

氛围

特别安静，这是一家精致且典雅，价格又合理的酒店。它位于圣日耳曼·德·普雷，很受所有时尚迷们的欢迎，可以在几分钟内到酒店存放采购的物品。夏日，在绿意盎然的庭院里听着喷泉的声音吃早饭，绝对是酒店的一大亮点。

装饰

花卉或条纹墙纸，金色大镜子，床头板的布料和灯罩面料交相呼应，大理石浴室，绝对是百分之百的雅致经典风格。

地址：10, rue Cassette, 6^e
电话：+33(0)1 45 44 38 11

题外之语

“酒店坐落的地方以前曾是小教堂和修道院，很显然这是一个平静之地。”

题外之语

“我不跟你去博物馆了，我要去游泳池。”

Hôtel Paris Bastille Boutet

氛围

这个位于巴士底的五星级酒店拥有极佳的寝具。这里曾是一家巧克力工厂的旧址。酒店因绿意的露台而格外与众不同。

装饰

木制与白色，显然是我爱的风格！

地址：22-24, rue Faidherbe, 11^e
电话：+33(0)1 40 24 65 65

致谢

本书合著者兼我的挚友Sophie，因写书工作精疲力竭（而我则精力充沛，这也可能表明我们俩中，谁全力参与了更多的工作……），她建议我要感谢读者……我自己则希望读者会感谢我们！

当然我不希望自己是个不知感恩的人，因此：

- 感谢本书的编辑Julie Rouart，自少女时代我认识她（到现在已经很久了），而且她持续不断给予我们支持，而不是像某些人说的“Supporter”“鼓励”。好好享受欣赏此书，用实际行动表示鼓励吧！

- 谢谢那些不会说“sur Paris”（Je serai “sur” Paris……）的人。真是错的离谱！

- 感谢本书的译者，尤其是最后这些在波兰语、葡萄牙语、意大利语或者现代希腊语中毫无意义的语句……感谢那些知道本书已被广为翻译的读者……

- 感谢Denis Olivennes，他是一个出色的人。感谢那些理解我对这段感情很认真并不是在开玩笑的人。

- 感谢Sophie的爱人Stanislas，他亦是一个很出色的人。

- 感谢Zohra准备的新鲜胡萝卜汁（但那根塑料吸管是怎么回事？要害死鲸鱼吗？好吧，照片效果还是很美的……）。

- 感谢Nine在十年前相信我没办法为这本书找到除她之外的模特，并且愿意为这本书拍照。虽然我的出版社财力雄厚，但我就是希望我的宝贝女孩出现在书中！

- 感谢女儿Violette继续偷穿妈妈的衣服：这证明我的品位仍然很棒！

- 感谢Sienna。你真的非常漂亮，将来你也会成为这本书的模特，那么最好我们开始好好相处吧。还有，谢谢你的贴心，在我家放了瑞士奶油，我非常喜欢。与你的妈妈Sophie一样棒！替我吻一下Aramis和Vadim。

- 感谢Benjamin读完整本书，甚至读到这个部分！

- 感谢Diego Della Valle，我在Roger Vivier的亲切老板，我所做的一切他都觉得很有趣（请记得永远要感谢自己的老板。

★ 感谢Simon在我和Sophie对这本好品位的书进行修改时，穿着背心出现。啊，你以后当上总裁，我们就不能这样开玩笑了！

★ Paul，我为你和你的西服单独写了一本书，就为了惹恼Nathan，那这本书的致谢里我就不提及你了，好吗？

★ 感谢Tiphaine明白书籍设计对此书多么重要。我们也会偶尔严肃一下，不是吗？

★ 感谢Yann Barthes邀请我们上他的节目*Quotidien*（Sophie问一下我们的编辑，我们能否为记者出一本个性化的书，印上他们的名字。你知道的就像给儿童的读物一样！）

★ 感谢*ELLE*杂志在封面宣布我们这本书新版本的发行，而且让我穿自己的衣服！

★ 感谢Frédéric Périgot（你和本书没什么特别关系，但是我很喜欢你）。

★ 感谢这位友善的书店老板，他对我们帮助如此之多（他会知道说的是他……）

★ 感谢Kevin律师（同样也是我们广大的读者群呢）。

★ 感谢Jeanne & Émilion把湿毛巾从泳池里捞出来。

★ 感谢lalettredines的读者，除了本书之外，他们每周都会在邮箱中收到推荐的店铺地址和一些建议，却从不厌烦。

★ 感谢我亲爱的Sophie Gachet，没有你，我无法完成这本书，你思虑周全，比我自己还了解我。与你合作完成此书是次愉快的经历。最后这句话你可不能删，否则我要告诉大家你几乎每天都穿黑色！

感谢法国！好吧，这是个有些官方的语调，但是我的谢意很清楚，不是吗？

图片版权所有

书中所有图片都有店铺和品牌版权，除了：

© Abaca Corporate/Didier Delmas: p. 237
© Pierre Antoine/Musée Cognacq-Jay: p. 192 (top)
© A.P.C.: pp. 69 (bottom, center), 99
© Sophie Arancio: p. 142 (top)
© BA&SH: p. 85
© Christian Baraja: p. 191
© Bella Jones: p. 88
© Alain Beulé: p. 142 (bottom)
© Christophe Bielsa: p. 234
© Bijoux Monic Paris: p. 110
© Bonpoint: p. 195
© Dimitri Coste: p. 107
© Alban Couturier: p. 195
© Culturespaces/Sofiacome: p. 190
© Adrien Dirand: p. 223 (top)
© Mélanie Elbaz: p. 89
© Zo Fan: p. 104
© Flammarion/photo: Rodolphe Bricard: pp. 66 (middle, left and bottom, center), 71 (bottom, left), 73–77
© Alexis Flandrin: p. 95 (right)
© Ines de la Fressange: p. 167 (top)
© Ines de la Fressange and Sophie Gachet: pp. 69 (top, right and bottom, left), 71 (bottom, center), 215, 227
© Ines de la Fressange Paris: p. 69 (top, right and bottom, left)
© Sophie Gachet: pp. 71 (top, left and right), 79, 148–55, 157, 159–63, 165, 167 (bottom), 168, 198
© Virginie Garnier: p. 217
© Constance Gennari/The Socialite Family: p. 172
© Thomas Gizolme: p. 106
© Hervé Goluza: pp. 143, 209 (top, left and right)
© Julien M. Hekimian/GETTY IMAGES EUROPE/Getty Images/AFP: p. 24 (right)
© JACQUEMUS: p. 228
© JCR Paris: p. 84
© K. Jacques: p. 66 (top, center)
© Stephen Kent Johnson: p. 175
© Franziska Krug/Getty Images for Roger Vivier: p. 24 (left)
© Pierrelouis Lacombe: p. 108
© Le Bon Marché: p. 98
© Max Ledieu: p. 211
© Benoît Linero: p. 218
© Nicolas Lobbestael: p. 224 (bottom)
© Frédéric Lucano: p. 103
© Pierre Lucet-Penato: p. 139
© Maison de Vacances /Olivier Fritze: p. 173
© Maison Guerlain/Philippe Garcia: p. 141
© Dominique Maître: p. 86
© Pierre Mansiet : p. 97
© Marc McCourt: p. 96
© Mr. Tripper (Patrick Locqueneux): p. 214
© Amy Murrell: p. 236
© Musée du Louvre/Olivier Ouadah 2017: p. 192 (bottom)
© Alexis Narodetzky: p. 232
© Denis Olivennes: p. 164
© Palais de Tokyo, 2019/photo: Aurélie Cenno: pp. 196–97
© Tommy Pascal: p. 140 (bottom)
© Jean-Baptiste Pellerin: p. 116
© Benoît Peverelli: pp. 17–23, 53–55, 57, 59–60, 63, 65, 68, 70
© Marc Piasecki/GC Images: p. 25 (left)
© Présidence de la République: p. 187
© Mathieu Rainaud: p. 226
© Romain Ricard: pp. 223 (bottom), 224 (top), 225
© Bertrand Rinhoff: p. 181 (bottom)
© Thibaud Robic: p. 87
© Samuel de Roman/GETTY IMAGES EUROPE/Getty Images/AFP: p. 25 (right)
© Matthieu Salvaing: pp. 115 (top, left, and bottom), 222
© Marcelle Senmêle: p. 200 (bottom)
© Sandra Serraf: p. 90
© E. Sicot: p. 144
© The Guild of Saint Luke Company: p. 221
© Tomiko Taira: p. 184
© Marie-Amélie Tondu: p. 145 (top)
© Uniiti: pp. 216, 220
© Univers Presse: pp. 92, 109
© Roberta Valerio: p. 102
© Julien Vallé: p. 91
© Cornelis Van Voorthuizen: p. 95 (left)
© Roger Vivier: pp. 66 (middle, right), 69 (top, left and bottom, right), 105
© Alexander Volodin: p. 235

All rights reserved: pp. 66 (top, left and right and bottom, left and right), 178, 207, 212–13, 219